場と空間構成

― 環境デザイン論ノート ―

伊 藤 哲 夫 著

大学教育出版

目次

第Ⅰ章　都市と集落の形成
1　計画的都市・集落
- 1.1　古代ギリシャの都市——グリッドプラン　6
  - 1.1-1　古代ギリシャの都市——ミレトス(Miletus)、トルコ　7
  - 1.1-2　古代ギリシャの都市——プリエネ(Priene)、トルコ　8
  - 1.1-3　古代ギリシャの都市——オリュントス(Olynthos)、ギリシャ　10
- 1.2　古代ローマの都市——Roma Quadrata(ローマ4分法)　12
  - 1.2-1　古代ローマの東方都市——ゲラサ(Gerasa)、ヨルダン　14
  - 1.2-2　古代ローマの東方都市——パルミラ(Palmyra)、シリア　15
- 1.3　中世12世紀封建領主ツェーリンゲン(Zaehringen)家による創建都市　16
  - 1.3-1　ツェーリンゲン家創建都市——ベルン(Bern)、スイス　17
  - 1.3-2　ツェーリンゲン家創建都市——ムルテン(Murten)、スイス　22
  - 1.3-3　ツェーリンゲン家創建都市——フリブール(Fribourg)、スイス　23
  - 1.3-4　ツェーリンゲン家創建都市——フィリゲン(Villigen)、ドイツ　24
  - 1.3-5　ツェーリンゲン家創建都市——ロットヴァイル(Rottweil)、ドイツ　26
- 1.4　中国・長安の都と平城京、平安京　28
- 1.5　近世バロック都市　30
  - 1.5-1　扇状の都市プラン——カールスルーエ(Karlsruhe)、ドイツ　30
  - 1.5-2　整然とした街区の中に迷宮が広がる——シチリアのノト(Noto)、イタリア　32
- 1.6　1つの広場を囲むように形成された集落　36
  - 1.6-1　モラヴィアの地方都市テルチ(Telc)、チェコ　36
  - 1.6-2　スイスの地方都市——アールベルク(Aarberg)、スイス　38
  - 1.6-3　スイスの農業集落——ル・ランドロン(Le Landeron)、スイス　39

2　自然発生的集落
- 2.1　アルプス南麓の集落　40
  - 2.1-1　石の村、ブリオーネ(Brione)、スイス　40
  - 2.1-2　石の村、ボルゴーネ(Borgone)、イタリア　41
- 2.2　共同体としての漁業集落　42
  - 2.2-1　三重、島勝浦の漁業集落　43
  - 2.2-2　大分、梶寄浦の漁業集落　46
  - 2.2-3　丹後、伊根浦の漁業集落　50
  - 2.2-4　南イタリアの漁業集落——プロチーダ島(Procida)、イタリア　52

3　新・旧集落の形成　54
——ローマ近郊、サン グレゴリオ ア サッソーラ(S.Gregorio a Sassola)、イタリア

第Ⅱ章　場と空間構成

1　場を選びとる ─────────────────────── 56
1.1　神々が棲む偉大な自然景観に抱かれる
　　　　　　　　　──アポロンの神託の地デルフィ(Delphi)、ギリシャ　56
1.2　寺をとりまく峰々を八葉蓮華に見立てる──奥州下北の聖地、恐山　58
1.3　赤い夕陽に包まれる浄土の世界──播磨の浄土寺、浄土堂　60
1.4　都市の入り口を象徴する神殿──ナバテア王国の都ペトラ(Petra)、ヨルダン　62
1.5　海に浮かぶ神殿──安芸の厳島神社　66

2　景観を取り込む ─────────────────────── 68
2.1　神々が棲む山の景観を取り込む──アテネのアクロポリス、ギリシャ　68
2.2　自然景観中に飛翔し、浮遊する大広間
　　　　　　　　　──バロックのアルタン伯城館、ヴラノフ(Vranov)、チェコ　72
2.3　雄渾なドナウの景観を取り込む
　　　　　　　　　──メルクの僧院、メルク(Melk)、オーストリア　74
2.4　背後に自然の景観が広がる──京都、清水の舞台　77
2.5　階段を降りると庭園が遠近法的に展開する
　　　　　　　　　──ベルヴェデーレ宮、ウィーン(Wien)、オーストリア　78

3　軸線の設定と左右対称的構成 ─────────────────── 80
3.1　厳密な左右対称的構成にも拘わらず力動性に富む
　　　　　　　　　──フォルトゥナ・プリミゲニア神域、パレストリーナ(Palestrina)、イタリア　80
3.2　鳥居をくぐると神なる山がパースペクティブに展開する──津軽の岩木山神社　82
3.3　後世に君主を永遠に記憶させるものとしての建築
　　　　　　　　　──ヴェルサイユ宮、パリ(Paris)、フランス　84
3.4　統治の正統性を建築に投影する──伊勢神宮(内宮)　86

4　「生きられる」ことによって形式が崩れていく ──────────── 88
4.1　宮殿からマリア・テレージア女帝一家の住まいへ
　　　　　　　　　──シェーンブルン宮、ウィーン(Wien)、オーストリア　88
4.2　儀式から生活の空間へ──寝殿造の邸宅の非対称的な空間構成　90
4.3　雁の隊列を組んで飛ぶさまに不思議を見る──京都、桂離宮の書院　92

5　大地に馴じむ ─────────────────────── 94
5.1　テラスが幾層にも重なっていく
　　　　　　　　　──幻のシェーンブルン宮計画案、ウィーン(Wien)、オーストリア　94

- 5.2 　　大地に抱かれた野外劇場 ———————————————————— 96
    - 5.2-1 　自然と一体化する壮大な劇空間
        　　　　　——古代ギリシャの野外円形劇場、エピダウロス（Epidauros）、ギリシャ　96
    - 5.2-2 　内部空間化された巨大な劇場空間
        　　　　　——古代ローマの野外円形劇場、オランジュ（Orange）、フランス　98
    - 5.2-3 　草が生えた段状の桟敷に寝転んで歌舞伎を愉しむ——信州東部町禰津東町舞台　100

- 6 　偶然性・作意の限界・非完結性・非統一性の概念の導入 —————————— 104
    - 6.1 　見え隠れする本堂——奈良の長谷寺　110
    - 6.2 　ローマ皇帝ハドリアヌスの夢
        　　　　　——ヴィラ・アドリアーナ、ティヴォリ（Tivoli）、イタリア　112
    - 6.3 　床の美しいモザイク画のように小空間が森の中に散りばめられる
        　　　　　——狩猟の館、ピアッツァ・アルメリーナ（Piazza Armerina）近郊、イタリア　117
    - 6.4 　居心地の良い住まいとは——フランクによる「偶然に生成された家」、
        　　　　　　　　　　　　　ストックホルム（Stockholm）、スウェーデン　118
    - 6.5 　余白への期待——カーンによる女子修道院計画案、
        　　　　　　　　　　　　　ペンシルヴァニア（Pennsylvania）、アメリカ　119
    - 6.7 　楕円形闘技場が市民の広場となる
        　　　　　——メルカート広場、ルッカ（Lucca）、イタリア　120
    - 6.8 　神聖な、生きられる広場
        　　　　　——ダッタトレヤ広場、バクタプール（Bhaktapur）、ネパール　122

参考文献・図版出典リスト ———————————————————————————— 126
あとがき ———————————————————————————————————— 129

第Ⅰ章　都市と集落の形成

本章においては、都市と集落の形成において、計画されたものと自然発生的なものについてそれぞれの形成のありようはどうかといった問題に焦点をあて、次のように構成した。
　　1：計画的都市・集落
　　　　1.1　古代ギリシャの都市
　　　　1.2　古代ローマの都市
　　　　1.3　中世12世紀封建領主ツェーリンゲン家による創建都市
　　　　1.4　中国・長安の都と平城京、平安京
　　　　1.5　近世バロック都市
　　　　1.6　1つの広場を囲むように形成された集落

〈1〉では、〈1.1〉地中海沿岸各地にグリッドプランの上に成立した古代ギリシャの植民都市について、そして〈1.2〉グリッドプランには違いないが古代ギリシャのそれと相違して、東－西、南－北2つの直交する主要街路が機能的にも、都市空間的にも大きな役割を果たす古代ローマの都市について、計画とその背景についてふれている。〈1.3〉この古代ローマ都市の計画において特徴的なRoma Quadrata（都市を4つの区域に分けて、それぞれ都市を組織する）は古代ローマ都市ではその詳細が分からない。そのため、なぜか未だ不明だが、同様な都市プランを示し都市の組織をした中世ドイツ・スイスの封建領主ツェーリンゲン家によるいくつかの創建都市についてふれている。〈1.5〉近世バロック都市では扇状プランという特異な都市プランを示す南西ドイツの都市カールスルーエと、17世紀末大地震によって崩壊し、グリッドプランの上に再建されたシチリアの都市の中でも、整然とした街区の中に迷宮が広がる興味深いノトについてふれている。

　　2：自然発生的集落
　　　　2.1　アルプス南麓の集落
　　　　2.2　共同体としての漁業集落

〈2〉では、自然発生的ないし自然形成的集落は、統一的な全体計画のもとに形成された集落ではない、というだけのものだ。また無論、ただ自然に発生・形成されたものでもない。村人たちが自分の家を建てるにあたって、地形や日照、通風、隣家との関係性それに周囲の景観等を考慮する、すなわち場を読んで、積み重ねてきた経験や知恵を生かして実現したものだ。このように建てられた家々が永い時間の経過の中で集積したもので、全体としては偶然に形成された集落の空間といえよう。〈2.1〉そうした集落で魅力ある集落の空間を示すものをアルプス南麓に探り、また〈2.2〉わが国の漁業集落に探った。漁業集落ではとりわけ共同体としての集落という視点からふれている。本章の終わりに〈3〉として計画的集落と自然発生的集落が一体となった集落をイタリアに求め、これについてふれている。

1. 計画的都市・集落

1.1 古代ギリシャの都市——グリッドプラン

エーゲ海を中心とする地中海の都市国家と植民都市

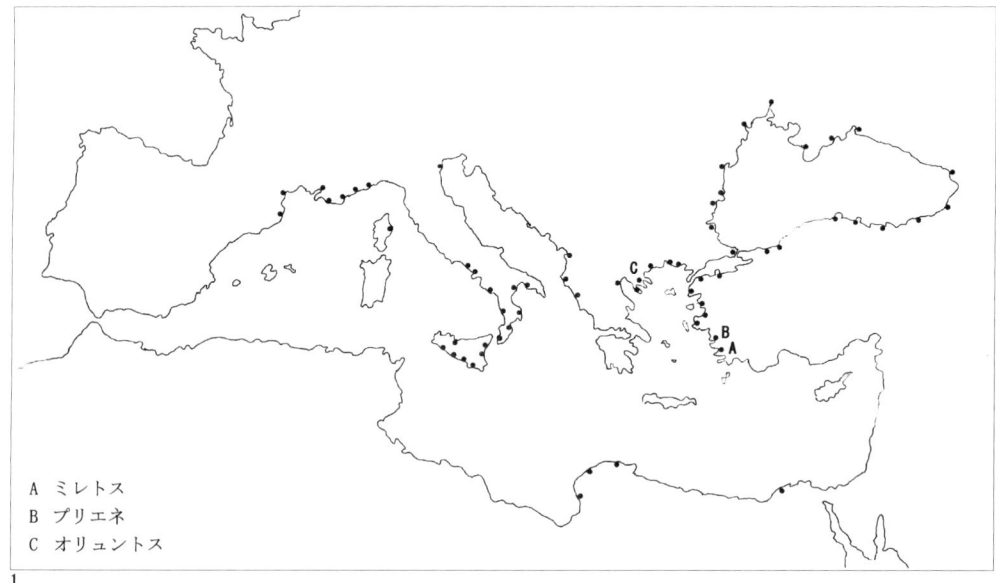

A ミレトス
B プリエネ
C オリュントス

1

　古代ギリシャの都市国家は増大する人口と不公平な土地分配への不満といった問題を抱える中、新たな土地と富（食料と資源）を求めて、紀元前8～6世紀にそしてそれ以降も、地中海沿岸各地に植民都市を建設した。南イタリアとりわけシチリアに多く、また黒海、南フランス、北アフリカ沿岸にも及んだ。その場合植民都市の位置、ありようについては神託の地デルフィに赴き、アポロンの神託に伺いを立てたという。

　当時建設された植民都市で、後に主要都市となったものがある。
　　ネアポリス（現ナポリ。メトロポリス以下「母都市」という：パロス）
　　ビュザンティオン（現イスタンブール。母都市：メガラ）
　　マッシリア（現マルセーユ。母都市：フォカイア）
　　ポセイドニア（現パエストゥム。母都市：アカイア）
　　シュラクサイ（現シラクーサ。母都市：コリントス）　（メトロポリス：古代ギリシャ語では母都市を意味した。）

　これらの植民都市や、ペルシャ軍によって破壊され紀元前5世紀以降再建された小アジアの都市国家の多くは、グリッドプラン（格子状の街路網。多くは主要街路：7～9m、細街路：1.5m）を示す。自然の地形とは関係なく（つまり自然の地形を尊重しつつ）建設され、グリッドプランにも拘わらず都市は変化に富んだ都市空間を有する。この都市プランを採用した背景には、当時の測量技術で容易にできたこと、都市の拡大が容易なこと等があげられるが、何よりも土地を公平に分配する意図がある。

　このグリッドプランによる都市計画（ヒッポダモス方式）を創始したのはヒッポダモス（ミレトス出身。紀元前510年～）との説があるが、紀元前7世紀のスルミナやミレトスにおいて既にグリッドプランがあったともいわれる。ヒッポダモスはミレトス（紀元前494年ペルシャ軍によって破壊された都市の再建）、アテネの外港ピレウス（紀元前470年）の都市計画をしたとされる。そして古代の記録に登場する最初の都市計画家ともされるが、その著書は失われ、確かではない。

1.1-1　古代ギリシャの都市——ミレトス(Miletus)、トルコ

　イオニア人がエーゲ海沿岸小アジアのこの地に入植(母都市はアテネ)した。
　紀元前7〜6世紀に文化・通商の中心地として発展した。紀元前494年、ダレイオス王の率いるペルシャ軍の侵攻で破壊された後、グリッドプランによって再建され(紀元前479〜)、ヘレニズム期、ローマ期にかけて整備され、繁栄した。
半島の起伏に富んだ自然の地形とは関係なく、グリッド状の街路網が建設された。29.5m×51.5mのグリッドシステムの道路網で、主要街路の幅員が7.7m〜8.5mであったのに対し、通常の街路のそれは4〜4.5mであった。また北部のより大きなグリッドの都市部は後の時代のものである。
　浮舟を固定してつくった城壁(状のもの)に囲まれた港湾施設が、都市のほぼ中央にある。海岸線も城壁に囲まれていたことがわかる。アクロポリスは北西隅部に位置する。

　港に面した市民広場であるアゴラ(古代ローマではフォーラム)は、ストア(列柱廊)を手がかりに各施設が関連付けられながら2つの港を結ぶかたちで拡張された巧みな空間構成を示す。

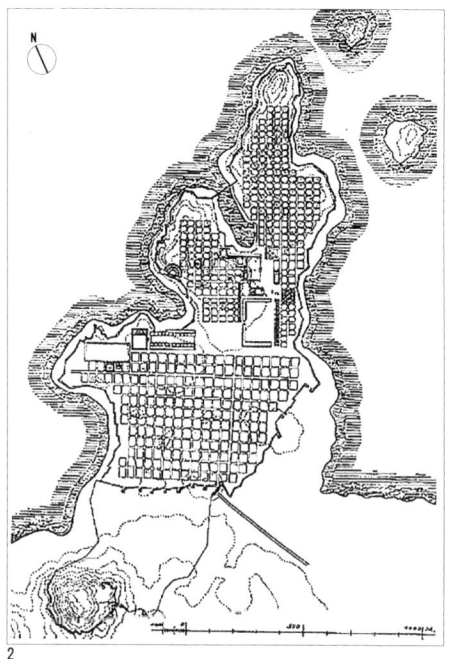
2

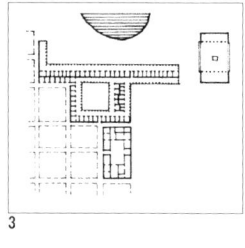
3

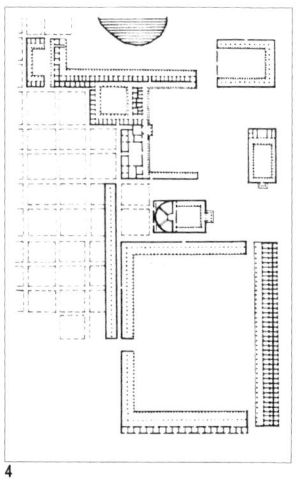
4

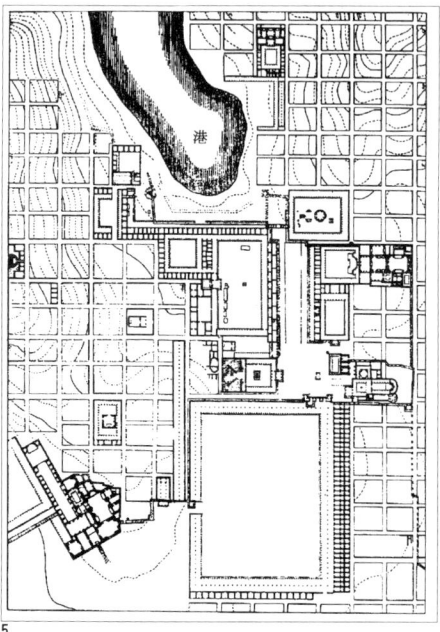
5

3、4、5　1期(紀元前5世紀)〜4期(ローマ期の紀元2世紀)にかけて順次拡張・整備された状況を示す。

1.1-2　古代ギリシャの都市——プリエネ(Priene)、トルコ

　エーゲ海沿岸の小アジアに紀元前4世紀に創建され、繁栄した古代ギリシャの都市で、当時の人口は約4,000人といわれる。その後、真下を流れるアイアンドロス川の土砂によって1.5kmほど離れた港が埋もれたため、都市は急速に衰え、ローマ時代には忘れ去られる。19世紀末にドイツ人考古学者ヴィーガント等によって発掘された。

　険しい南斜面にも拘わらず、35.4m×47.2mのグリッドプランによって建設された都市で、東西方向は主要街路で、傾斜する南北方向は階段状の通路となっている。

　ストアに囲まれた市が立つアゴラをはじめ、神殿群、野外円形劇場、陸上競技場等の公共施設が充実している。

　都市の山の手には富裕な市民の住宅が、下町には一般市民の住宅が立地した。

　上水道については山から湧き水を陶製の導水管を用いて引き、各所に貯水槽を設置し、各住居に給水された。

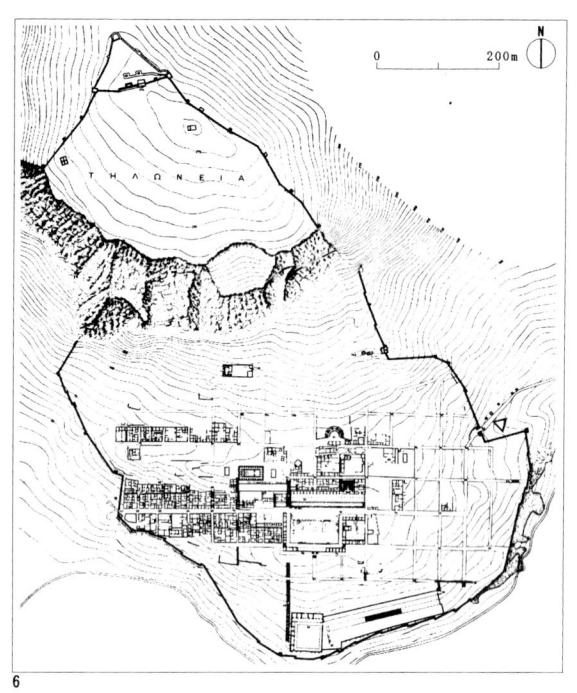

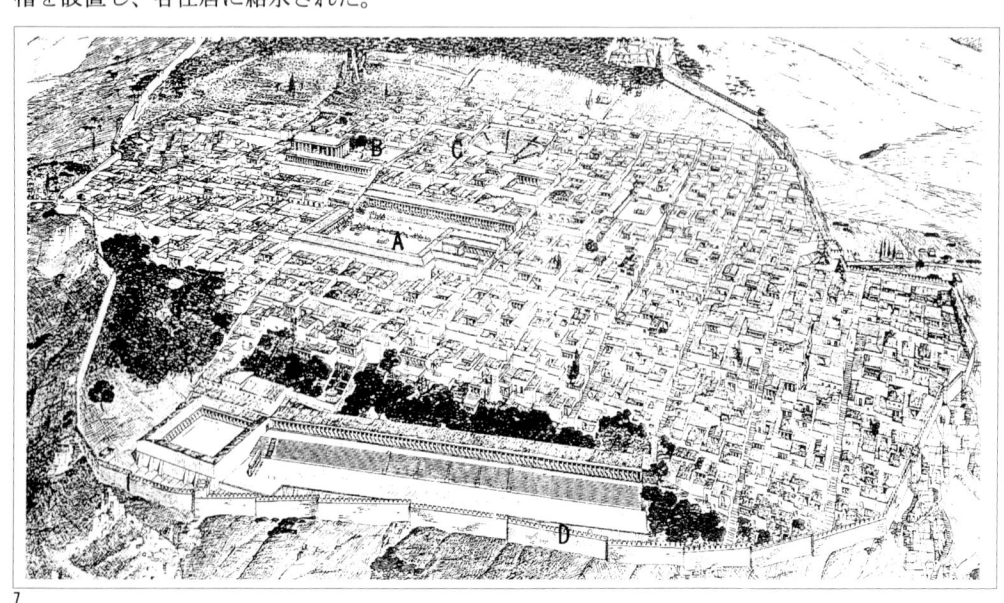

1.1 古代ギリシャの都市──グリッドプラン

グリッドプランにも拘わらず、地形を尊重したため変化に富んだ都市空間であったことが鳥瞰図やこの模型写真から窺われる。

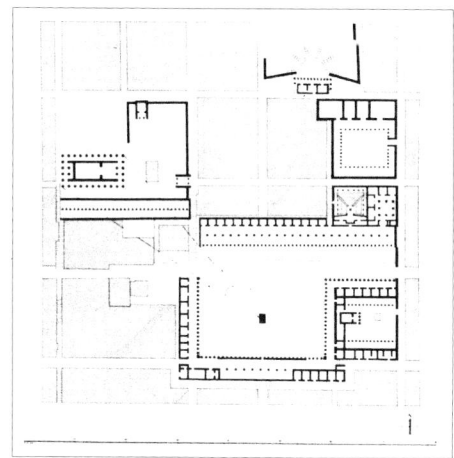

アゴラからアテナ神殿の見え方

アゴラの中央にある祭殿の西側を視点と定めるとき、西と北のストア（列柱廊）の間に、アテナ神殿の東・南の2つのファサード（全体像）が眺められる。また、右手に切り立った岩壁の稜線と神殿と西側ストアとがひと続きに見える。このように背景の山の景観をもとり入れながら古代ギリシャ人は綿密に計画した（C. ドクシアディス）。なお、この神殿はミレトス包囲の際に、この都市に住んだアレキサンダー大王がアテナ神のために紀元前334年に奉献したとされる。

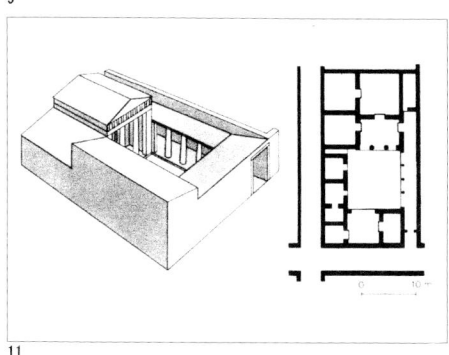

6 険しい南斜面に建設された都市。最も高いところにアクロポリスがある。7 鳥瞰図。A：アゴラ、B：アテナ神殿、C：野外円形劇場、D：陸上競技場・体操場。8 都市の一部の復元模型。シュライフによる製作。ベルリン、ペルガモン美術館蔵。9、10 ドクシアディスによる空間構成分析。11 都市住居の想像復元図。中庭を囲む富裕な市民の住居。こうした富裕な市民の住居の多くは石造で、そうでない一般市民の住居は日干し煉瓦造であった。

1.1-3　古代ギリシャの都市——オリュントス(Olynthos)、ギリシャ

　ギリシャ北部、マケドニアの古代ギリシャ都市で、旧オリュントスの都市がペルシャ軍によって破壊された後、紀元前5世紀に再建された。
　丘の上、比較的起伏に富んだ地に35.5m×86.5mのグリッド(300×120ギリシャフィート)で街区が形成された。紀元前348年マケドニア王フィリポス2世によって破壊された。
新(北部)、旧(南部)の2つの都市に分かれている。
また住居跡が比較的よく保存されている。
　南北方向の主要街路の幅員は7mであり、東西方向のそれは5m、それに2mのサービス道路がある。35.5m×86.5mの街区は、道路を挟んで、同じ大きさの敷地(公平な土地配分の反映)でコートハウスが連なる。
　厳格なグリッドシステムではあるが、日照、通風を考慮したり、道路の幅員が機能に従ってそれぞれ異なる(南北の主要街路は通過交通のためであるのに対し、東西の街路は居住者用の街路となり、静かで日照条件も良くなる)等、より進歩した都市計画を示す。

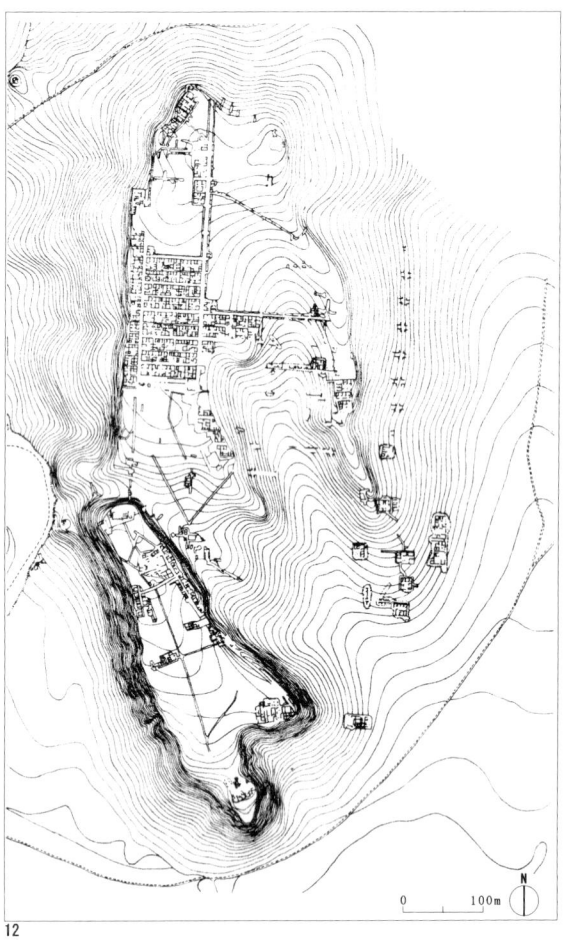
12

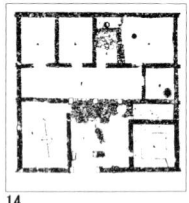
14

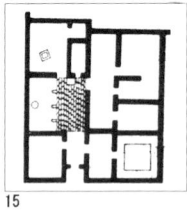
15

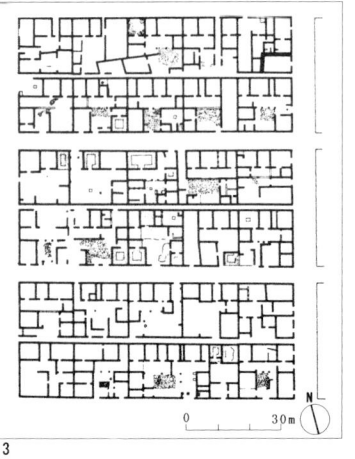
13

　図はその中の典型的な2つの住居プランを示す。街路に面して店舗があり、また住居は中庭を囲んだ形(コートハウス)となっている。四角形が描かれている部分は食堂である。現代のコートハウスと比較して基本的には何ら変わりが無いことがわかる。

現代のコートハウスとの比較

ドイツの建築家アイアーマンEgon Eiermann (1904〜1970年) によるコートハウスの提案 (1964年) で、都市郊外の住宅地に立つ。間口は約10mで、奥行きはそれぞれ相違する。

A: 敷地の大きさ165㎡、住居の大きさ　74㎡
B:　 〃　　　165㎡、　〃　　　　99㎡
C:　 〃　　　215㎡、　〃　　　　122㎡
D:　 〃　　　265㎡、　〃　　　　145㎡

の4タイプ。

地上一層、地下一層（ボイラー室・ホビー室・倉庫等）。

RCプレファブ壁版工法。フランクフルトの近くのオッフェンバッハ市に試作住居が実現された。中庭を取り囲む「最小限住宅」に類似した巧みな平面計画である。

「少なくとも50の住居ユニット、できれば200以上の住居ユニットから構成され、140人/haの高密度な住居地形成が期待される」と設計者は意図を述べる。

高密度、プレファブ工法、同時建設等によって経済性が強調される。

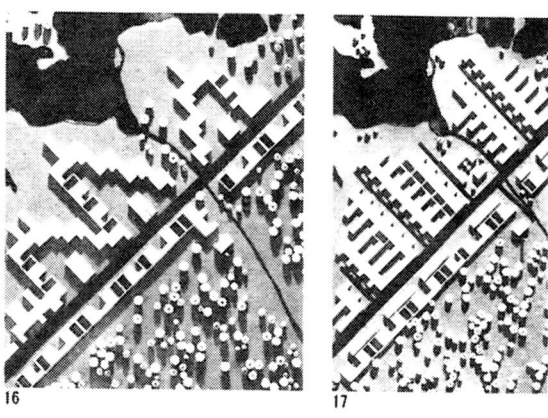

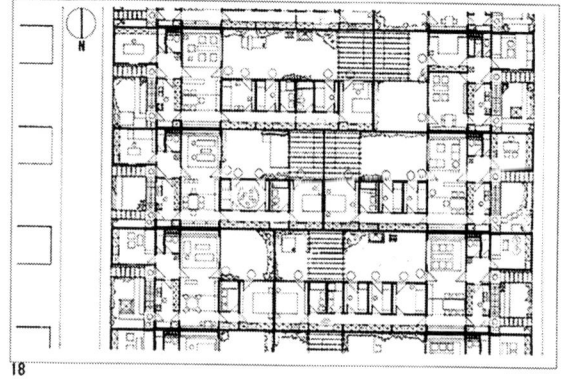

16、17 都市郊外地の湖の近くに建てられるコートハウス。模型写真。18 平面図。東側あるいは西側の道路から住居へアプローチする。住居の大きさは寝室数によって相違することがわかる。19 中庭から居間部分を見る。左側は寝室。建物は一層なので、パーゴラがある中庭は十分広く感じられる。20 街路から入り口、前庭部分を見る。左側正面に玄関がある。そこに面した部屋は書斎、寝室といったようにいろいろバリエーションが考えられている。

1.2 古代ローマの都市——Roma Quadrata(ローマ4分法)

都市創建にあたって都市を「無秩序な混沌の中で、秩序ある宇宙」としてイメージした。祭司が執り行う儀式によって都市の中心(世界の中心、臍)を先ず定める。この中心点において東西、南北の方角を特定し、これを交点として東西(デクマヌス・マクシムス)と南北(カルド・マクシムス)に走る主要街路によって、都市を4分する(英、仏、独語のQuarter、Quartierは本来4分の1を意味するが、地区をも意味し、語源はここから由来し、興味深い)。交点には4脚門が立ち、市場が開かれる。細街路は下記の設定方法に基づいて精確に設定されるグリッドプランである。都市の組織は4つの地区毎に組織される(W.ミュラー)。古代ギリシャの都市プランとの大きな相違点は中心点があること、直交する2本の主要街路、それに4つの都市組織であろう。

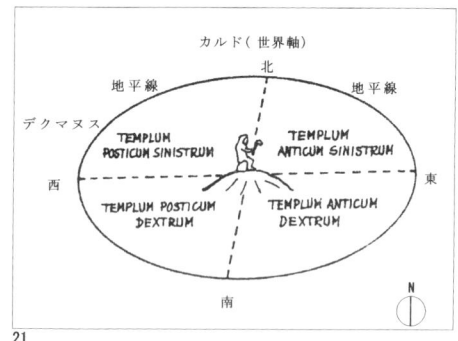
21

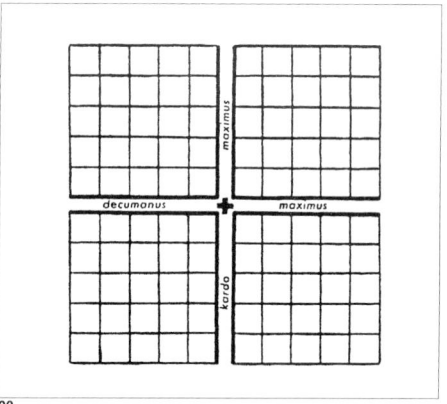
22

街路網設定の方法

図のごとく規則的に、精確に設定された。また傾斜地においては、デクマヌスは等高線に沿い、河川や海に面する場合は、岸に平行させた。また各区画の大きさは70m×70mから150m×150mと様々であった。

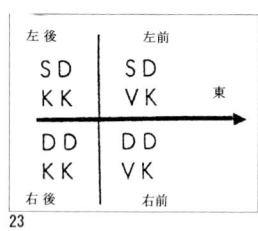
23

右前　Regio Ultrata(DDVK)
左前　Regio Sinistrata(SDVK)
右後　Regio Dextrata(DDKK)
左後　Regio Sinistrata(SDKK)

右前	DDVK	: Dextra Decumanum Ultra(V) Kardinem
左前	SDVK	: Sinistra Decumanum Ultra Kardinem
右後	DDKK	: Dextra Decumanum Citra(K) Kardinem
左後	SDKK	: Sinistra Decumanum Citra Kardinem

24

21 祭司による世界を4分する儀式。カピトリーノの丘の上にて、祭司(鳥占い)が石の上に腰をおろし、曲がった杖を手にして、東の方向に向き、眼を地平にまで広げ、見据え、そして線を空中に引き地平を4つに区分する:左と右、そして前と後ろと。自身は世界の中心に立つ。23、24 デクマヌスとカルドが交わる点、都市の中心(DMKM)より東に向かって、右前、左前そして右後、左後と規則的、組織的に街路網・街区が設定される。

1.2 古代ローマの都市——Roma Quadrata

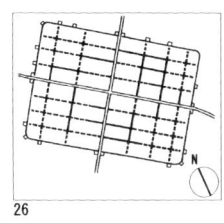

北イタリアの植民都市ティキヌム（現パヴィア）。紀元前1世紀に創建された都市で、Roma Quadrataの街路網が比較的はっきりと読み取れる。

ローマ南部の都市アリファエ（現アリフェ）。紀元前1世紀、独裁将軍スッラが退役軍人のために建設。このように古代ローマでは多数の兵士の退役後の処遇が大きな問題であったが、退役軍人のために建設された都市も多い。

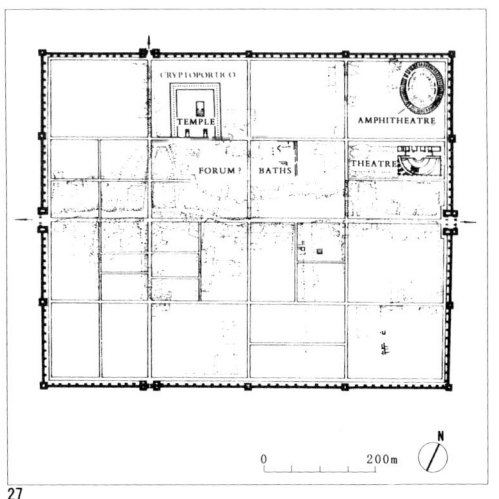

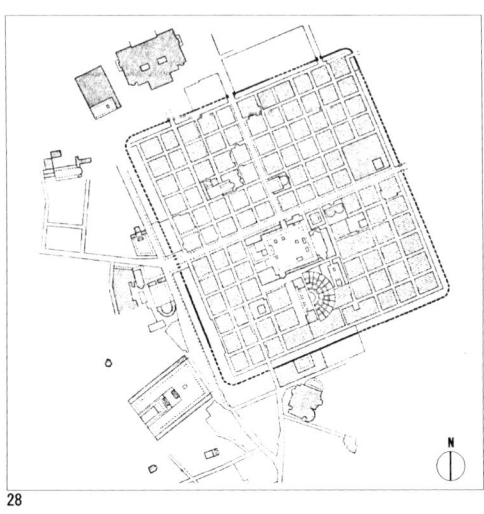

イタリア、アルプスの麓の都市アウグスタ・プラエトリア（現アオスタ）。アルプスを越えて（大小2つの聖ベルナルド峠）北ヨーロッパに通ずる交通の要所で、紀元前25年アウグストゥス帝によって創建された。フランスに向かう小聖ベルナルド峠へと通ずる道は都市中央部の東西に走るデクマヌスであり、それに対して南北に走るカルドが都市の西に偏っているのは、スイスに向かう大聖ベルナルド峠へと接続するためである。

アフリカの植民都市タムガディ（現ティムガド）。紀元2世紀初頭、トライアヌス帝の時期に軍事的拠点都市そして退役軍人の居住する都市として建設された。広場は兵の点呼のためであり、周囲の建物は指令部のものである。東西軸（デクマヌス）は必ず貫通するが、南北軸（カルド）は貫通せず、T字型となる。またドナウ河北の蛮族の攻撃を防ぐため、紀元1世紀に古代ローマ軍駐屯地として創建されたヴィンドボナ（現ウィーン）等も同様な都市プランを示す。

13

1.2-1　古代ローマの東方都市——ゲラサ（Gerasa）、ヨルダン

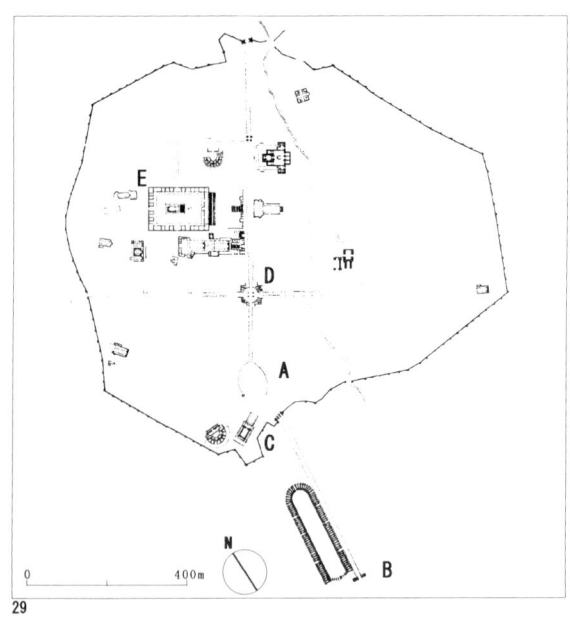

　紀元前65年ポムペイウスによって征服された古代ローマの植民都市で、今日のジェラシュ（Jerash）である。もともとは（紀元前4世紀〜）ヘレニズム都市（Decapolisの1つ）で、アレキサンダー大王の創建との説もある。紀元1世紀〜2世紀、ローマ人によって再建、整備された。属州アラビアの都市として2つの円形劇場、公共浴場、競馬場、壮大な列柱街路空間等が往時の繁栄を偲ばせる。東ローマ帝国ビザンチンの時代まで栄える。キリスト教会も建てられる。746年の大地震で崩壊。南北を走る主要街路カルド・マクシムス（幅員12.5m）に対し、珍しい例だが直交する東西に走る主要街路デクマヌス・マクシムスが2つある。交差部分にある4脚門が一部残る。そこでは市場が開かれていた。楕円形のフォールムは、丘の上に立つゼウス神殿と都市軸カルドを巧みに調整する。ハドリアヌス帝の凱旋門が今日でも部分的に残っている。ハドリアヌス帝は属州アラビアの視察とイエルサレムでの紛争解決の途次、このゲラサで129〜130年にかけての冬を過ごしたといわれる。

29 都市図。A：楕円形フォールム、B：ハドリアヌス帝凱旋門、C：ゼウス神殿、D：カルドとデクマヌスが交差する地。4脚門が立つ、E：アルテミス神殿。30、31 壮大な列柱街路空間。楕円形フォールムの方を見る。丘に上に立つゼウス神殿が見える。想像復元図。32 楕円形フォールム。背後に新都市ジェラシュが広がる。33 ハドリアヌス帝来訪（129年）を記念して建てられた都市門。

1.2-2 古代ローマの東方都市——パルミラ(Palmyra)、シリア

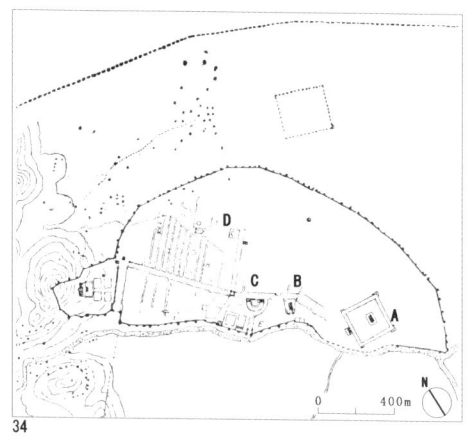

シリア砂漠のほぼ中央のオアシスの都市で、パルム(椰子の木)が繁る地からその名のパルミラは由来する。東西貿易シルクロードの中継地で、小王国を形成する隊商都市として栄えた。紀元前64年シリアはローマ帝国の属州となり、パルミラも植民都市としてこれに組み入れられ、3世紀まで繁栄した。Roma Quadrataの規則正しい街路網は無いが、これには土地の伝統、固有性をも尊重して都市づくりをしたローマ人の考え方が反映している。だが都市軸を形成するデクマヌスである壮大なコリント式列柱街路(幅員11m)が都市中央部を通り、これに神殿、野外円形劇場、公共浴場等の公共施設群が配置され、空間的にも機能的にもこの都市を統合する役割を果たすローマ都市である。3世紀、ローマからの自立と王国の再興を図った女王ゼノビアは、ローマ帝国に対抗、敗れて捕らえられ、ローマに連行され、郊外ティボリのハドリアヌス帝の別荘に幽閉されたともいう。都市はローマ帝国に破壊され、その後、東ローマ、ビザンチン帝国の都市ともなったという。パルミラは長らく砂に埋もれていたが、17世紀アレッポの商人によって偶然に発見され、その後発掘・調査が進められた。

34 都市図A：ベールの神殿、B：凱旋門、左横にネボ神殿、C：列柱街路と四脚門、フォーラム、野外円形劇場、D：バール・シャミン神殿。35 ベールの神殿(古代セム族の神、シリアの豊穣神バールと同一視される)。36、38 壮大なコリント式列柱街路と凱旋門。列柱には持ち送りがあり、彫像が飾られていた。37 四脚門近くにフォーラムが形成された。

1.3 中世12世紀封建領主ツェーリンゲン（Zaehringen）家による創建都市

　ヨーロッパでは12〜13世紀にかけての中世の時代に、多くの都市が領主たちによって創建された。[※]農業生産と流通経済の飛躍的発展と人口増が背景にあり、領主は都市創建によって、主として流通租税の収入を目論むものであった。

　南西ドイツに発する封建領主ツェーリンゲン家による南西ドイツ・スイス一帯の地域における都市創建は、その典型例といえる。これらの都市では2つの直交する幅員の大きい主要街路がほぼ東西軸と南北軸に走り、これによって都市は4つの区域に分割され、都市の組織が形成された点等において、古代ローマの都市プランに相似する。また広場は形成されず、街路において市が開かれ、街路空間が大きな役割を有した点など興味深い。

　また古代ローマの都市プランが長い空白期を経て、なぜ中世に出現したか、そしてこれはドイツの古代ローマ都市ケルンとの関連があるのか等についての議論（例えばツェーリンゲン公がケルンに捕らわれの身にあった時、遺された古代ローマ都市の痕跡を見て、都市創建にあたってこの都市のプランを参考にしたのではないかという。これに対してW.ミュラーは、ゲルマン人によって徹底的に破壊され、その上にゲルマン人の都市が重層したこの都市には古代ローマの痕跡は既に無かったと主張する）は尽きない。

※ヨーロッパにおける都市創建の主なる時代は、1.古代ローマ期、2.中世12〜13世紀、3.17〜18世紀のバロック期、4.近代。

都市創建に関わったツェーリンゲン家の系譜と治世（Herzog von Zaehringen）
　　コンラート（Konrad）　　　　　　　：1119〜1150年　A、B、C、D、Eの5都市
　　ベルヒトルド4世（Berchthold Ⅳ）　：1150〜1185年　F、G、H、J、Kの5都市
　　ベルヒトルド5世（Berchthold Ⅴ）　：1185〜1217年　L、Mの2都市

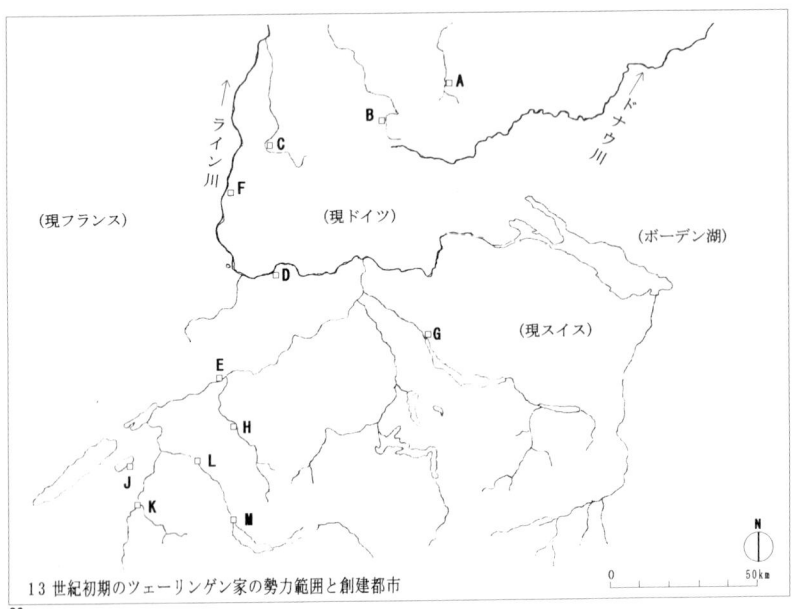

13世紀初期のツェーリンゲン家の勢力範囲と創建都市
39

A:ロットヴァイル(Rottweil)、B:フィリゲン(Villigen)、C:フライブルク(Freiburg)、D:ラインフェルデン(Rheinfelden)、E:ソロトゥーン(Solothurn)、F:ノイエンブルク(Neueuburg a.Rh)、G:チューリッヒ(Zuerich)※、H:ブルクドルフ(Burgdorf)※、J:ムルテン(Murten)、K:フリブール(Fribourg)、L:ベルン(Bern)、M:トゥーン(Thun)※　（※既存都市の拡張）

1.3-1 ツェーリンゲン家創建都市——ベルン（Bern）、スイス

　12世紀に創建されたベルンは、中世の面影を色濃く残す歴史的な古市街でありながら、スイスの首都の中核として今日でも生き生きとして機能している。そのベルンは1191年、ツェーリンゲン公によって計画的な都市プランのもとに創建された。アルプスの雪解水に発する清冽なアーレ川の蛇行によって形成された半島状の地に直交する東西方向と南北方向に2つの主要街路が走り、これによって4つの区域に分割され、それぞれ都市組織が形成される。東西を走るこの主要街路は幅員27mの堂々たるものだが、これに対し南北軸の街路は周辺地域との関係（接続する道路網）とアーレ川によって広くかつ深い谷が形成されているといった地形的制約の理由から、大きな意味を有さずその幅員は少ない（これはツェーリンゲン家創建の典型的都市プランとはやや相違する）。その代わりに幅員のやや大きい2つの街路が東西軸主要街路に平行して走る。

　街路間に挟まれる敷地がそれぞれ街路に面して、幅約30m奥行き約18mの単位敷地に分割され、単位敷地はわずかな毎年の地代とひきかえに、主として商人達に賃貸された。このように厳格なグリッドシステムという非常に組

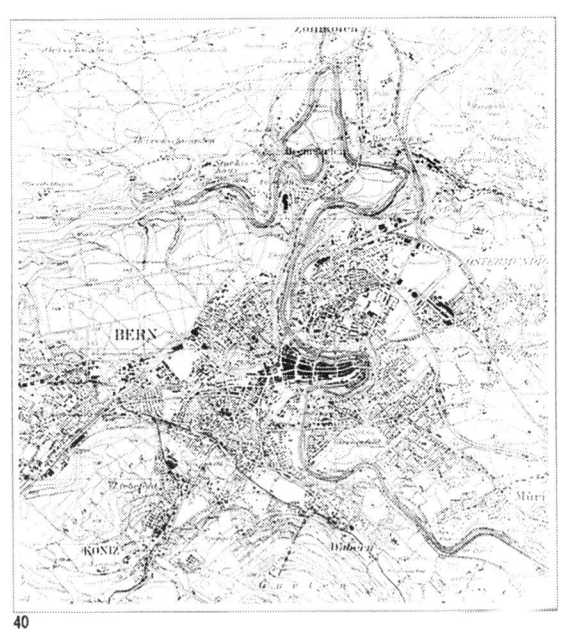
40

41

40 広大な後背地を有し、今日も都市の核として機能する古市街。蛇行するアーレ川によって形成された半島状の尾根部分に集積した都市。41 J. ヘルリベルガーによる画「真夜中のベルン」1757年。アーレ川沿いに都市壁が築かれている(17世紀)が見える。42 ベルンを東南の方向に見る。背後にアルプスの高峰が聳える。

42

織立てられた計画的都市プランの上にベルンは成立した。

他方この厳格なグリッドプランの上にたった都市建設にあたって、半島状の小高い尾根部分の変化に富んだ自然の地形を尊重した。だから都市全体は東の突端部分に向かってカーブしつつ傾斜し、東西に走る主要街路も微妙なカーブを描きつつ東に向かって下り、魅力ある街路空間を形成している。

さらに商人達に賃貸された単位敷地は、一定の制限のもと彼らの自由裁量に任された。建て替え、敷地（間口）の分割、又貸しなどがそれだが、商人たちの敷地経営を通しての自由な都市づくりを許容したこと、私的領域において大きな自由度があったことが、今日に

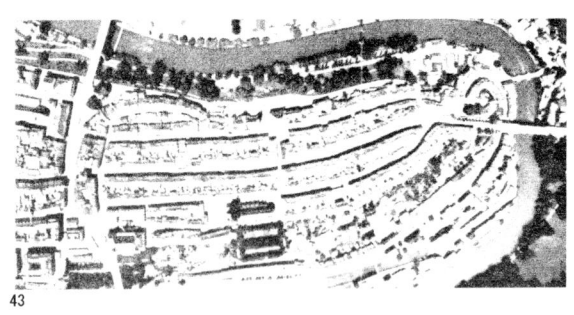
43

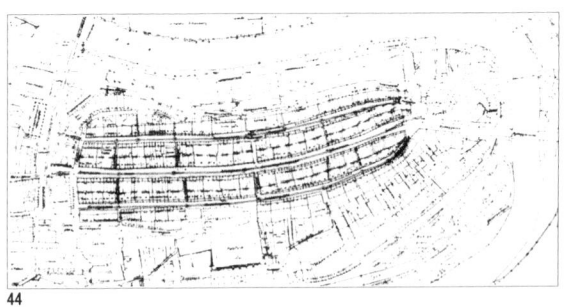
44

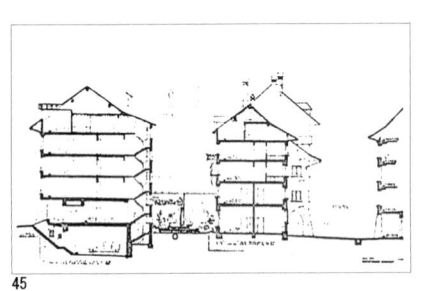
45

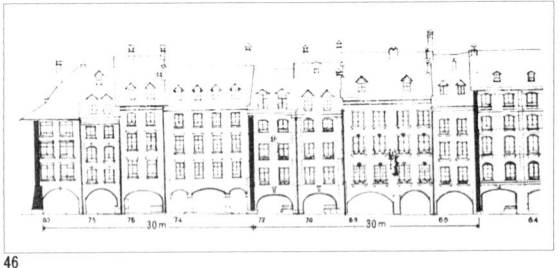
46

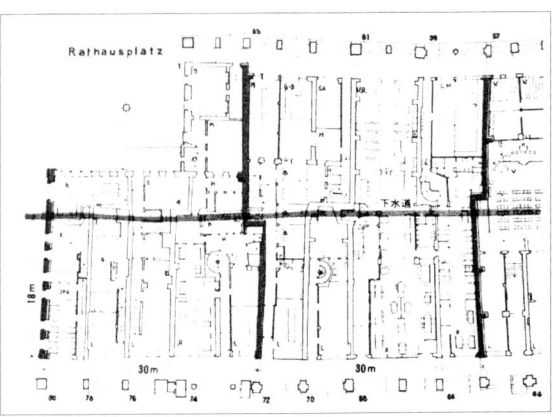
47

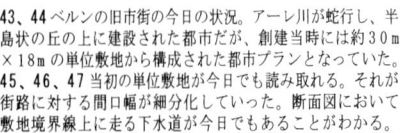

43、44 ベルンの旧市街の今日の状況。アーレ川が蛇行し、半島状の丘の上に建設された都市だが、創建当時には約30m×18mの単位敷地から構成された都市プランとなっていた。
45、46、47 当初の単位敷地が今日でも読み取れる。それが街路に対する間口幅が細分化していった。断面図において敷地境界線上に走る下水道が今日でもあることがわかる。

至るまで間口が多様で階数もまちまち、ファッサードもそれぞれ固有な表情を持ち、様々なスケールの建物群によって構成され、統一した都市景観の中にも生き生きとした都市空間形成の基盤となった。

こうした私的領域における大きな自由度に対し、壁面線の指定(1311年)、敷地単位の極端な細分化の傾向にあって最小間口幅の制限(1405年)、あるいは都市回廊(アーケード)の保持(14世紀)、平入り屋根、瓦葺きの義務付け(1311年)など公的領域あるいは中間領域のいわば都市空間の枠組みの設定に関わる点についての建築規制がこんな昔から市民自身の手によって制定されてきた。自治市民社会を支える強固な公共性が、自らの手で私権を規制し、私権に先行させての公共性の表現として公共空間を形成していった。

ベルンの4分法による都市組織

4つの区域は(A)鍛冶職人の区域、(B)肉屋の区域、(C)パン職人の区域、(D)皮なめし職人の区域と名称がつけられ、組織だてられていた。この4つの都市組織は(1)市民の租税をまとめて徴収のうえ、領主に納税する、(2)非常時には兵の招集・各持分の都市壁を防衛する、(3)都市の清掃を分担して行う、(4)各区域から代表4人を選出し、都市参事会を運営する、などをした。

48

49

50

51

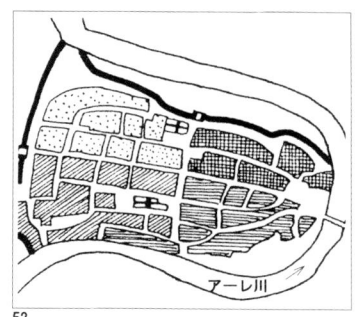
52

48、49 地形に沿って微妙にカーブする街路空間。勾配も大きい。50 都市回廊・アーケード。店舗の商品がそこに溢れ出る。カフェになっているところもある。51 街路より地階倉庫へのアプローチ。地階は倉庫のほか、店舗、レストラン、小劇場ともなっている。52 ベルンの4分法による4つの区域の区分を示す。

都市創建と17世紀に至るまでの3次にわたる拡張

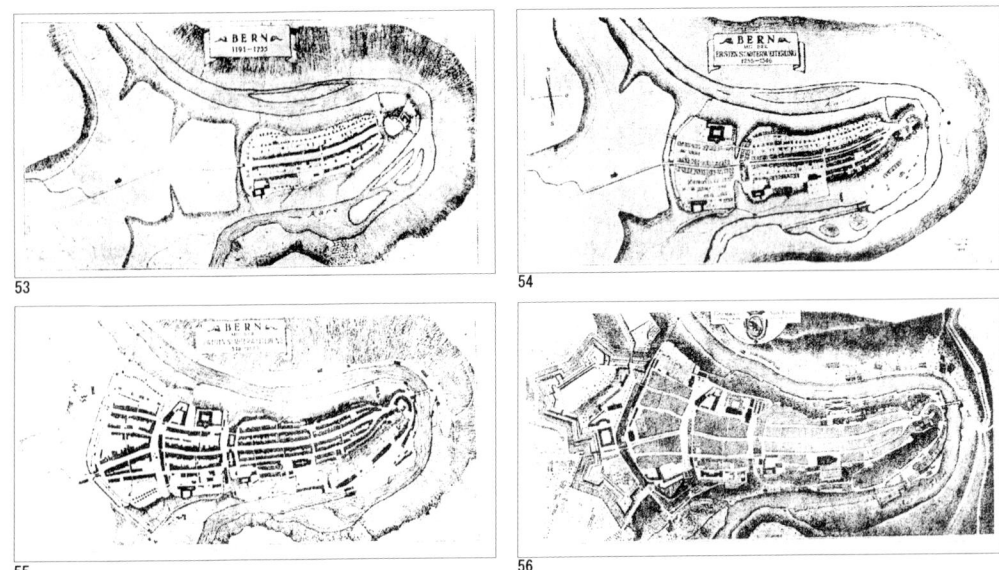

当初の創建は1191〜1220年 都市門（今日の時計塔）まで。濠が掘られていた（図53）。その後第1次の拡張（1225〜1346年。Ⅱ期）は今日の牢獄塔まで（図54）。第2次拡張（1347〜1622年。Ⅲ期）は今日の鉄道駅がある辺りまで（図55）。第3次拡張（1623〜1644年。Ⅳ期）では稜堡の建設がされた（図56）。この部分は19世紀の都市近代化に伴い、取り壊され市街地化された。

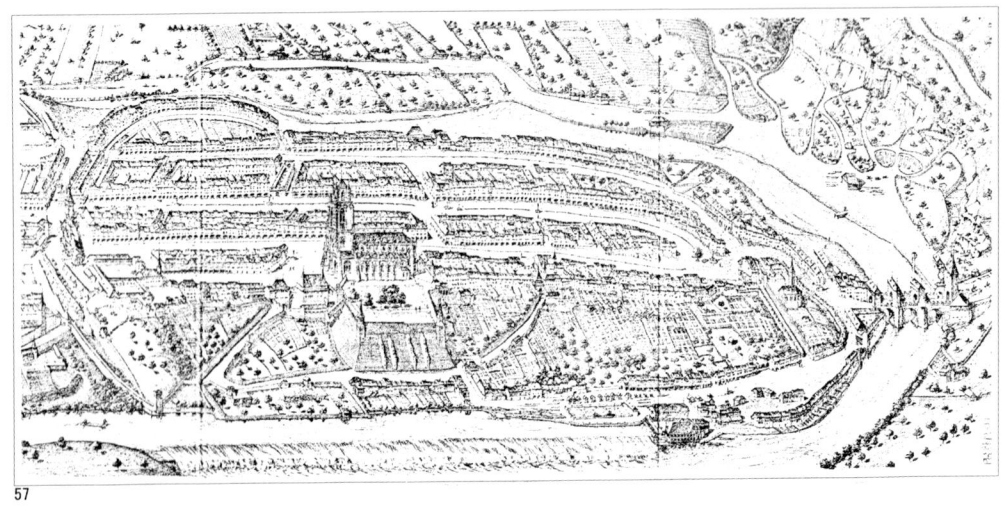

1.3 中世12世紀封建領主ツェーリンゲン（Zaehringen）家による創建都市

　ベルンは街路の都市である。広場は無い。市はだから広場ではなく、幅員の大きい堂々とした街路に立った。やがて家並みの前に立つ市の露店が定着し、これに覆いかぶさるように街路上に建物が張り出した。アーケード、つまり都市回廊が成立した（13世紀）。だから主要街路の幅員は当初27mであったものが、都市回廊のそれは4mで、だから都市回廊形成後は19mとなった。これはムルテン、フリブール等の都市に共通し、他方フィリゲンやロットヴァイルなどの南西ドイツの都市には都市回廊は形成されなかった。いずれにせよ街路空間は大きな役割を果たした。

　街路沿いに立つ建物の今日見る多くのものは18世紀のバロック期のものだが、石造、4〜5階建てで、壁面線は一定しており、石の壁に両側が閉じられたごとくに続く堂々たる街路空間だ。ただそれは人を圧倒するように連続するのではない。昔は都市門であった時計塔や（旧）牢獄塔がほぼ300mの間隔で街路の中央に立ちはだかるように立っていることから、街路の空間は分節され、囲まれた細長い広場のようなヒューマンなスケールとなっている。

　他方、塔とは逆の東の方向において、街路は微妙なカーブを描いていて先を見通せない。だから四方が閉じられた感覚はあるものの、完全に閉じられたものではなくその向こうに何かが有るという期待感を抱かせ、緩い傾斜を有するこの街路を歩いてゆくと徐々に視界が拓け、緑に覆われた川向こうの斜面が眼前に現れる———街路空間は自然と融合する。

57 G. ジッキンガーによる1603年の都市図。街路の幅員は1階部分を表現するために誇張されている。今日見る17〜18世紀バロック期以前、後期ゴティック期の建物群（多くは3層）が見られる。教会の塔は未完であることがわかる。58 18世紀のベルン。街路空間が仕事場にもなって生き生きとしている。アーケード下に置かれたベンチがおおいに利用されていることが見える。59、60 A. アンカー画。ゲレヒティヒカイト街。1876年頃。バーゼル美術館蔵。地形に適合させて湾曲する堂々たる街路空間がよく表現されている。61 街路の空間は、昔の都市門によって囲まれた細長い広場のような空間となっている。62 街路において今日でも市が立つ。

21

1.3-2 ツェーリンゲン家創建都市──ムルテン（Murten）、スイス

スイス、ムルテン湖畔の小都市で、創建当初の単位敷地は奥行き約18m×幅約30mであり、ベルンと同じである。東西方向の主要街路が大きな役割を果たすのに対し、南北方向の街路は細街路となっている。これは港に向かって急傾斜になっている地形状から、主要街路とはなり得ないからであろう。主要街路には都市回廊であるアーケードも形成され、都市門によって閉じられた細長い広場のような街路空間が形成されている。今日でも周囲を都市壁が囲む。

63

64

65

66

67

68

64 都市壁が今日でも残っている。ぐるりと都市の周りを回れる市民の散歩道となっている。65、66 アーチを描く都市回廊が続く主要街路。建物は3〜4層で1階部分は店舗となっている。67 古代ローマ都市ではカルドにあたる南北方向の街路である。地形的制約から細街路となっている。68 屋階住居のテラスでの日光浴。71、72 フリブールの鳥瞰図。73 下町の街路の景観。水飲み場がまだ残っている。74 川には屋根のついた木造の橋が架かる。75 市民で賑わう街路に立つ市。

1.3-3 ツェーリンゲン家創建都市——フリブール（Fribourg）、スイス

69

川の蛇行によって形成された半島状の尾根部分に計画的に創建された都市で、ベルンと多くの共通点を有している。街路空間は地形に沿って湾曲しつつ傾斜している。今日でも市は街路において立つ。周辺は農村地帯で、この歴史的市街地は都市の核として今日でも機能している。スイスでも数少ない総合大学が立地し、大学都市といえよう。スイスのフランス語圏であることから、ドイツ語読みのフライブルクをフリブールと発音する。

70

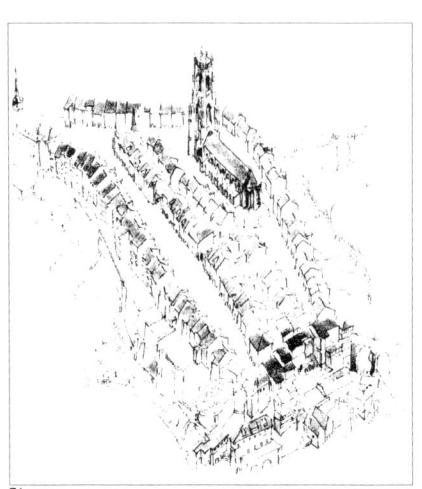
71

72

73

74

75

1.3-4　ツェーリンゲン家創建都市——フィリゲン（Villigen）、ドイツ

76

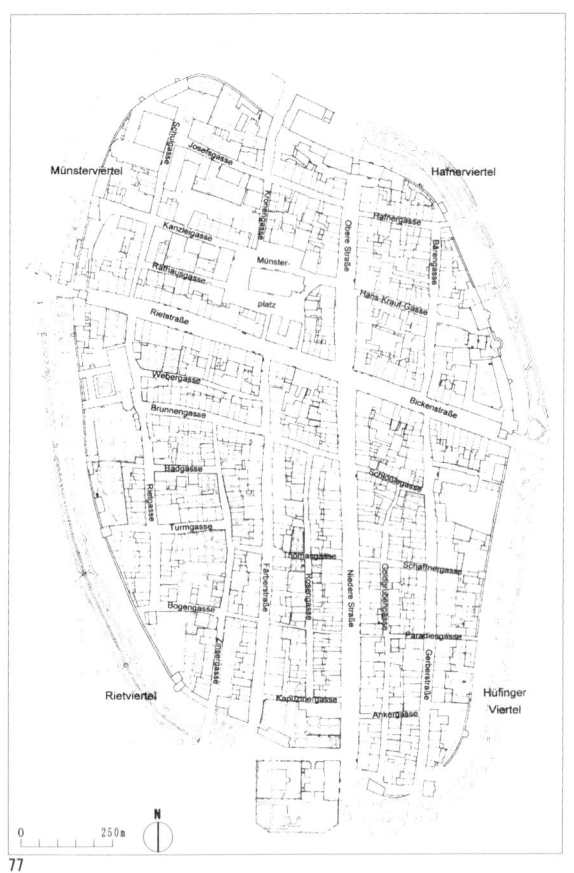
77

南ドイツの黒森地帯の東端の地に12世紀初期、創建された都市で、ほぼ東西、南北を走る主要街路によって都市は4分され、都市が組織された。主要街路の幅員は約25mで、ベルンなどと相違して、アーケードが形成されることはなかったから、細長い広場のようだ。これに対して細街路は湾曲したものも多く、これは後になって形成されたもので自然発生的様相を示す。交差する地点近くの2つの主要街路には、アーケードが張り出す代わりに市が違った形で固定化した木造の小屋（肉屋、パン屋等）が数棟立っていたという。

78

79

80

81

76　1607年当時のフィリゲン。77　都市図。19世紀末のものを描き直したもの。78、79　南北に走る主要街路。80、81　東西に走る主要街路。都市門があり、閉じられた広場のような街路空間である。車の進入は規制されている。樹木が所々に生い繁り、カフェ・レストラン等が街路に張り出している。

1.3 中世12世紀封建領主ツェーリンゲン（Zaehringen）家による創建都市

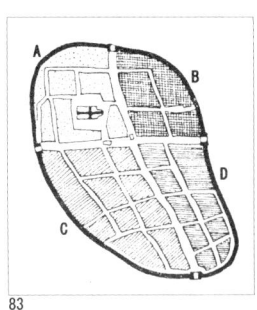

82 今日のフィリゲン。周辺は工場も立地し、市街化が進んでいる。その周辺とは緑地帯によって分離されている。83 フィリゲンの4分法による4つの都市組織の区分を示す。A：教会のある区域、B：陶器職人の区域、C：葦職人の区域、D：蹄鉄職人の区域。84、85、86、90 自然発生的な様相を示す細街路。上階に荷物を荷揚げする滑車がついた家も多く見られる。87、88 教会前の広場に市が立つ。89 都市を取り囲む濠跡は今日では緑地帯となっている。

25

1.3-5　ツェーリンゲン家創建都市——ロットヴァイル（Rottweil）、ドイツ

　冬のカーニヴァルの仮装行列で有名なこの都市は、古代ローマの時代、城塞アラエ・フラヴィアエ(Arae Flaviae)があった地で、紀元1世紀より対ゲルマン民族の戦略上重要な拠点の1つであった。それは東に蛇行するネッカー川を見下ろし、南は崖状となった高台の傾斜地で、南から北の方角まで遠く周囲の丘陵地を見渡せる自然の要塞でもあったからだ。東－西と南－北に走り都市のほぼ中央において直交し都市を4分する主要街路の、この都市に占める重要性は際立つが、デクマヌスに相当する東－西主要街路の東部分は主要街路としては稀な急勾配を呈する。

91

　なぜ主要街路がこうした急傾斜な地に計画されたのかはRoma Quadrataの都市モデルなくしては説明し難い。都市の大きな部分は、比較的勾配が緩やかな西側の地に、等高線に沿って計画されている。西部分の三角状の地域は後の拡張部分である。この都市でもベルン等と相違して、直交する主要街路にはアーケードは形成されなかった。それに対して街路中央部に肉屋やパン屋あるいは酒場等の数棟の木造の小屋が近世まで立っていたという。

92

93

1.3 中世12世紀封建領主ツェーリンゲン（Zaehringen）家による創建都市

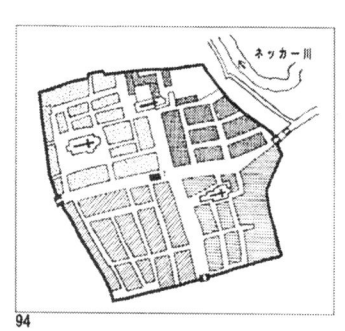
94

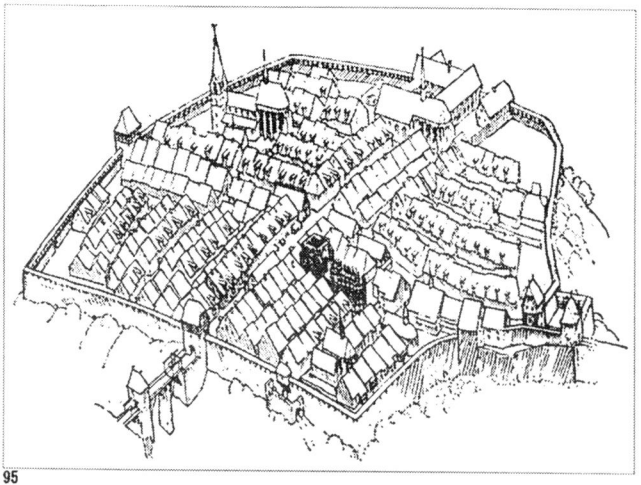
95

96

97

98

99

91 東－西の主要街路。東方向に下る勾配はこの辺りでは比較的小さいが、南－北の主要街路と直交する辺りから大きくなる。眼前に丘陵地の景観が展開する。92 他の細街路の景観。これと比較して主要街路の幅員がいかに大きいかが分かる。93 都市図。2つの主要街路に木造の小屋が描かれている。南－北主要街路の北端に都市門ではなく、教会が立つ。都市の東部分は急傾斜地であることから、建物の集合密度は低い。94 4分法による4つの都市組織の区分を示す。95 都市鳥瞰図。周囲が崖状の高台で、東に下がる斜面の地形の上に建設された都市であることが分かる。西北地域に立つ教会は都市の主教会であるミュンスター。古代ローマ時代の紀元1世紀より、ネッカー川を南下しスイスに至る街路とシュトラスブルクから黒林を通って南西ドイツを結ぶ街路、この2つの主要街路が合流する交通の要所でもあったロットヴァイルは、こうした点からも戦略上重要な拠点であった。ロットヴァイルに5つの城塞があり、4000人もの兵隊が常時、駐屯していたという。そのうちの1つの城塞が高台に立つ現ロットヴァイルである。96、97、100 南－北主要街路。北端はプレディガー教会で閉じられた広場のような街路空間。98 東－西主要街路の西端にある都市門。99 都市門をくぐり抜けると西側拡張部分の湾曲する街路空間が展開する。101 この都市の建築に特徴的な2層と3層部分で張り出したアルコーブ。

100

101

27

1.4 中国・長安の都と平城京、平安京

長安の都

　隋の文帝によって建造された大興城(582年)をほぼ踏襲し、唐の高祖が城や宮殿、城門、市、坊などの名称を改称するのみで、唐の長安とした(618年)。その後、唐の歴代の皇帝が城壁を完成、大明宮の建設(第三代皇帝 高宗)、興慶宮の建設(714年 玄宗皇帝)等、都を順次整備していった。

　盛時には人口100万人近くを数え、東西9.7km、南北8.6kmで日本の平城京(710〜793年)、平安京(794〜1191年)と比較しても(同スケールで示している)いかに大都市であったかがわかる。

　東西、南北に走る道路網によるグリットプランだが、古代ギリシャの都市プランのようにニュートラルではない：皇帝が住み、治世する宮城を北に立地させ(天と通ずる宇宙軸)、これを基点として、南に走る軸を設定し、主要街路(朱雀大街。幅員150m)とする。そして東西12、南北9本の街路をつくり長方形の坊を形成し、都市の構成はすべて朱雀大街を軸に厳格に左右対称とする。

　朱雀大路の幅員が150mというように途方もなく大きく、ヒューマンスケールを無視し、形式を重んじたその都市プランは、だが時が経るとともに人々がこの都市を生きることによって、徐々にその形式は崩れていく：城外の東北、禁苑内の大明宮の建設(663年〜)とそれに伴う皇帝の移住、政治の中心の移動(宮城辺りは湿地のため、住居地としては不適であった)、東地域での興慶宮の建設(714年〜)等などで、都市機能的にも東の地域は高級官吏、資産家等の住む高級住宅地に、西の地域はこれに対して庶民の街と変貌していく(妹尾達彦)。内的にも左右対称の形式的都市プランは崩れていったのである。

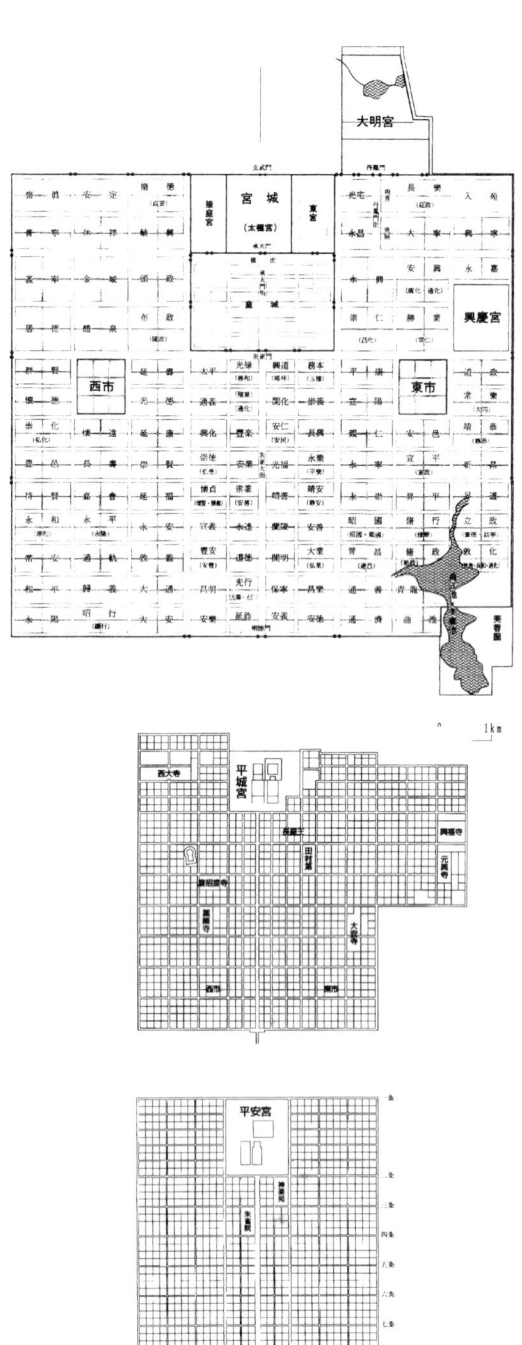

102

都市の南北中心軸

平城京・平安京

　この２つの都市建設にあたって、中国の長安あるいは洛陽の影響は否定し得ないが、例えば長安の都市をただ真似たといったものではなく、国情に合わせた伝播の仕方であったようだ。奈良盆地を見晴らすようにその北端に位置し、後方に屏風のような山並みに囲まれた平城京は左右非対称であるのに対し、平安京の場合はほぼ左右対称の都市プランを示す。長安の場合、城壁（高さ5.3m、厚さ9〜12m）が都市の周囲を囲んでいたのに対し、平安京では羅城門の両側のみ、つまり部分的にしか城壁は築かれなかった。

　街区について見ると、西安ではこれを坊といい、朱雀大路の東と西の地域にそれぞれ55坊、計110坊あったという。各坊には名称が付けられた（中国の制度移入に熱心な桓武天皇は長安の各坊に付けられていた名称を真似て平安京にも永寧坊というように街の名を付けた）。このうち東西1坊ずつ2坊を市場とした。坊は長方形が主で、2〜4の区画に区分され（2区画の場合は東西に走る横街、4区画の場合には幅員15mの十字街によって区分）、周囲に高さ3m、基底部で厚さ2.5mほどの土と煉瓦で築いた壁（坊しょう）が立ち、それぞれ入り口門があった。夜間には門が閉ざされ外出禁止とされたが、これは市民、とりわけ犯罪者の逃亡を防ぎ管理する政治的意図も読み取れよう。平城・平安京においては街区はすべて正方形であり、またそのような閉鎖的な壁は無い。平安京の場合は、121m×121mの街区の中央に当初、南北方向に細街路が走り、2区画に区分されていた。中世ではこの細街路が消滅し、主街路沿いに立つ建物に囲まれた大きな中庭が生じ、1区画となった。近世になると細街路が復活し、今日に至っている。2区画で、南北に走る街路の幅員は6.5mである。

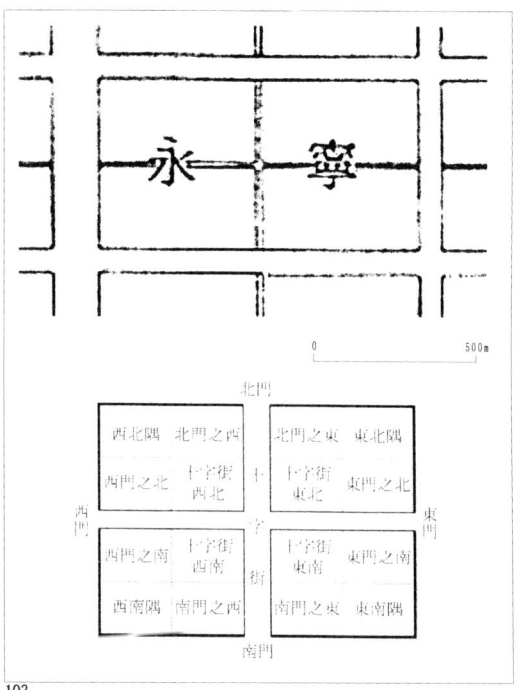
103

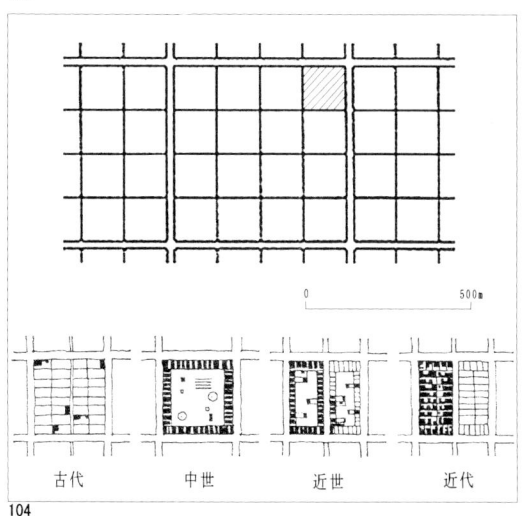
104

102 上から長安、平城、平安の都の都市プラン。同じスケールとし、南北中心軸は統一して示した。平城京は左右非対称。長安は生きられることによって、左右対称性が形式的にも、内的にも崩れていった。103 長安の都、東市の近くの永寧と称された街区。夜間、門が閉ざされ外出禁止とされた。十字街によって大きく4つの地区に区画される。それがまた4つの地区に分けられた。104 平安京の約121m×121mの街区の古代から近代に至る変遷を示す。図103も同スケールで示してある。平安京において名付けられた坊とは4つの街区をまとめて長方形のものをいい、例えば永寧坊と名付けられた坊は三条大路と四条大路、それに朱雀大路と西京極大路とに挟まれた4つの街区であった。

1.5 近世バロック都市

1.5-1 扇状の都市プラン——カールスルーエ（Karlsruhe）、ドイツ

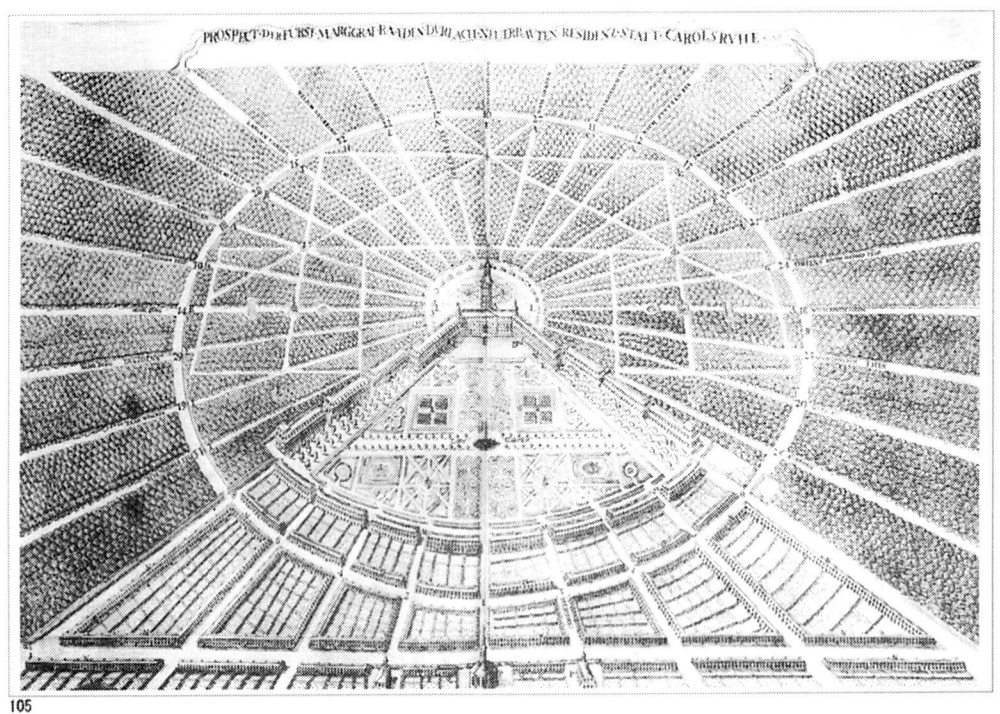
105

ドイツ南西部ライン川の近くに立地するこの都市は、明快な扇状の都市プランを示す18世紀の典型的バロック都市の1つである。

1715年にこの地方一帯を治める領主カール・ウィルヘル伯によって森を切り拓き、まったく新しい都市が創建された。

城館の後部中心にそびえる塔を中心に、32の道路が放射状に伸びる。だが人が住む都市部は南面する城の形態によって規定された扇状の形をした部分で、これに接する形で東西に主要街路（カイザー街）が走る。

106

都市プランはすべてを決定する中心としての領主の役割を象徴しており、宮廷と市民の関係が明快に現われ、当時の中央集権国家への意志の投影として読み取れる。

城館と庭園を取り囲む役所棟、官吏の住居棟を中心とする施設群から構成される東西軸のカイザー街に至る街区は1760年までに完成した。そして1768年に第Ⅰ期の、1802年に第Ⅱ期の

107

都市拡張工事が南の一般市民の居住地域において行われた。

　人口約27万人を数える今日のカールスルーエは、従来ドイツの最高裁判所が置かれた関係から「官吏都市」といわれてきたが、ライン川の交通の便を利用して工業都市としても発展している。充実した美術館や劇場、それに工科大学、音楽大学、教育大学等も立地し、文化都市としての性格も強い。駅近くの市立公園には日本庭園がある。

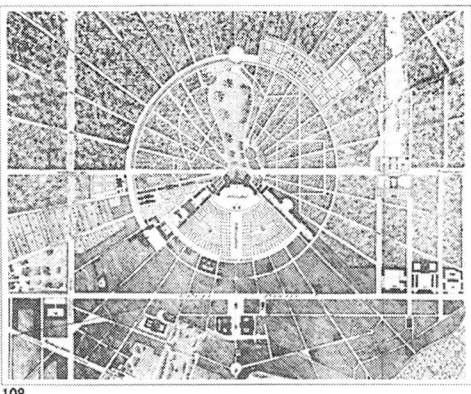
108

110

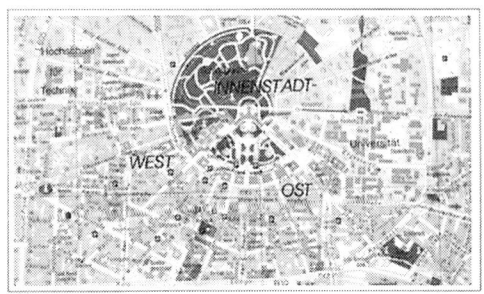
109

111

112

113

105 1753年の都市図。城館前の庭園にはフランス式庭園が構想されていたことがわかる。106、107 旧城館。今日では一部歴史博物館となっており、広大な庭園は市民の公園となっている。108 1822年当時の都市図。市街化が進んでいる。東端部には工科大学が既に立地している。109 今日のカールスルーエ。創建時には専制君主の庭だったものが、今日では市民のための広大な公園となっている。110、111 どの放射状街路からもランドマークとしての城の塔が見える。112 カールスルーエの新古典主義の建築家J. F. ヴァインブレンナー設計による市が立つ中心広場。自身設計の市庁舎と教会それに広場の中央にピラミッドが立つ。113 路面電車が走る主要街路カイザー街。近年、街路樹が植えられ、ベンチ、街灯等が整備され、床の敷石が美しい豊かな街路空間になっている。

1.5-2　整然とした街区の中に迷宮が広がる——シチリアのノト(Noto)、イタリア

　南イタリアのシチリアにはバロック都市が多い。1693年に起きた大地震(震度7.5と推定されている)により、シチリア東南の地方は大きな被害を蒙り、多くの都市は潰滅的な打撃を受けた。こうした都市は18世紀前半に再建されたが、この時期がちょうどバロック期に符合したからである。

　ノトもそうした都市の1つである。地中海から12kmほど離れた丘の上に築かれた旧ノト(ノト・ヴェッキア)は古代ギリシャの時代から防衛上の拠点として重要視され、以来、要塞都市として発展したが、震源地に近いこともあって大地震によってほぼ全滅し、生き残った市民はこの地より5kmほど海よりの地に新天地を求めて、新ノト(ノト・ヌオーヴァ)を建設した。

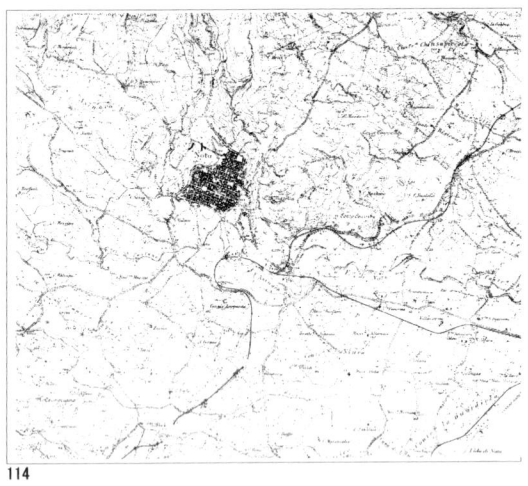

114 南東方向に地中海が拓け、奥まった谷間の高台にノトがある。旧ノトはこの地図の外、西の方向5kmのところにあった。115 新ノトの都市プラン図。周辺部の白抜き部分の建物は近代のもの。

1.5 近世バロック都市

　新ノトの建設はおよそ3期に分けられる。A：地震崩壊後の新都市の計画立案の時期、B：建築家R.ガリアルディ等が指導的役割を演じて多くの建物が建設された時期(1728～1780年)、それにC：都市周辺部の地域の建設(18～19世紀)である(P.ホーファー。以下、30年間にわたってこの都市の調査に携わったスイスの都市史家による)。

　丘の上に立つ旧ノトが地形に合わせて迷路のような路地と不整形な広場から構成される自然発生的な都市空間であったのに対し、これも同じように丘の上に立つ新ノトだが、街路が直交し整然とした街区が形成されるグリッドプランである。バロック期に創建された都市は放射状あるいはカールスルーエのように扇状の都市プランを示すものもあるが、シチリアの再建都市ではこのグリッドプランが多い。グリッドプラン採用の背景には、家を奪われた市民のためにできるだけ早く都市を建設する必要から、稚拙な測量機器・技術でも可能なこととそれに市民への土地配分への便宜、この2つが主たるものであろう。

　ノトは海から7km入った山間の南—南西に拓け、70mほどの高低差のある傾斜地に建設された都市である。都市中央部、東西に帯状に急傾斜となっていることから、そ

116

117　118 　119

116 南-南西の傾斜地に立つところから、建物群は等高線に沿って段状に並び立つ。「舞台としての都市」。中央に聖母教会、その下は市役所。117 聖母教会前の階段広場。118 モンテヴェルジーネ教会。このように街路の突きあたり部分にはバロック建築特有の湾曲したファサードとなり、この都市に固有の都市空間を形成している。119 都市センター部分の街角。堂々とした建築群。街路は南北に走る街路はこのように斜路になっている。120 地形図。等高線は10m間隔で示されている。東と西端は、急な斜面となっている。グリッドの設定には地形を考慮したことがわかる。121 ほぼ都市中央部の北東—南西断面図。図の中央に描かれている聖母教会の北側は急傾斜地となっている。建築群が段状のテラスに立っていることがわかる。

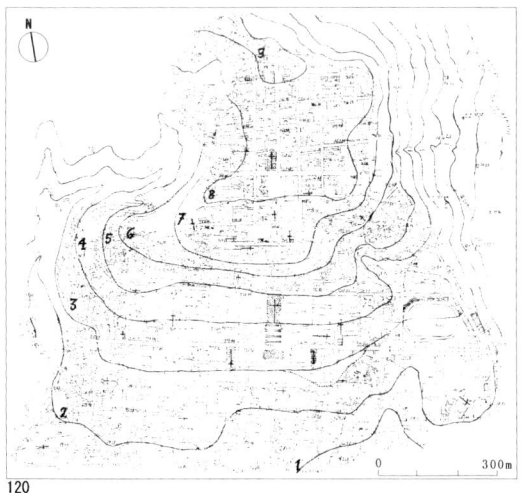
120

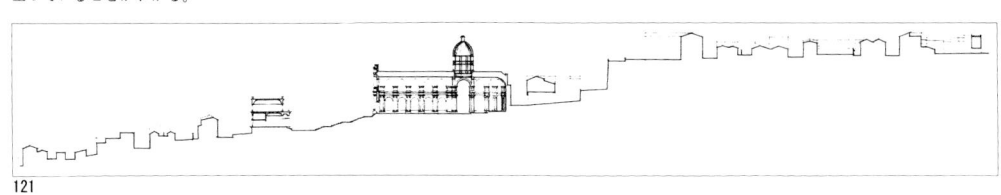
121

33

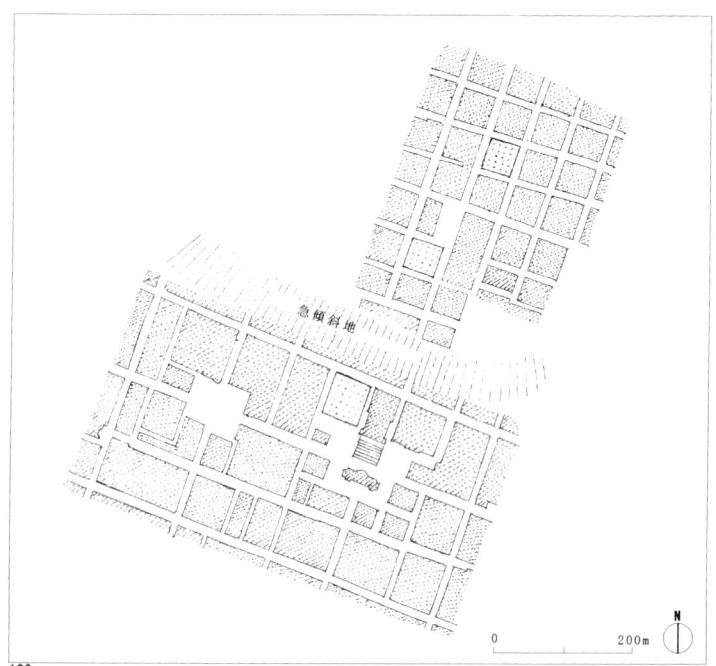

の上が上町、下が下町と2つの地域に分かれており、都市の機能と空間構成はやや異なる。上町は南北に細長く延び、グリッドはほぼ60m×60mの正方形であるのに対し、下町は東西方向に広がり、グリッドは多くは長方形でその大きさは70m×90mをはじめとして様々である。またそれぞれのグリッドの軸（街路の軸線）にも微妙なずれが生じている。こうした差異は地形に適合させた結果である。全体としてはグリッドプランだが、これを同じグリッドで全都市域を貫徹させるようなことはせず、自然の地形を考慮した結果、細部において変化する都市プランだ。

下町の北中央部、段状の広場を前にバロックの聖母教会（今日の大聖堂）が立つ。この都市の市民の精神的支柱だ。ローマにおいて成立したバロック建築は各地に伝播し、その自然・精神風土を反映して実に多様に展開した。シチリアのバロックは茶黄

122 都市の構想を表す模式図。上町と下町のグリッドの軸線のずれ、大きさは相違する。上町は主として庶民の街であるのに対し、下町には聖母教会、市役所、貴族の邸館等が立地し、都市のセンターとして計画されたことも街区の大きさを相違させた要因の1つである。上町と下町の間に急な傾斜地があり、この2つの街を結ぶ街路の形態が対角線状の街路という異質な要素が入る要因となった。123 上町は地形的制約から南北に走り下町と接続する主要街路が3つであるのに対し、下町の都市センター区域はそれを受けるかたちで東西に細長く、まとまった街区を構成する都市の構想が読み取れる。

色のややごつごつした印象を与える石灰岩によるファサードと過剰なまでの装飾のためか荒々しい土着的な建築といってよいが、ガリアルディの設計によるこの教会は非常に洗練された建築だ。あまり知られていないが優れた建築家に違いない。この教会を中心に市役所や教会それに旧貴族の邸館がいくつかの広場を囲むように地形に沿って東西に立ち並ぶ。これらの建物は質が高く堂々たる都市空間だ。都市が傾斜地に立つことから堂々たる建築群が段状に並び立っている都市景観を呈する。「舞台としての都市」といってよい。そして前方に周囲の豊かな自然の景観が展開する。

グリッドプランの上に形成された都市だから整然とした街区の構成と街路空間を示す。だがどの街区でも中に入り込む狭い路地があり、奥には表とはまったく違ったイスラへの都市空間を思わせるような迷宮の世界が展開する：曲がりくねった迷路のような路地（その多くは行き止まりである）と不整形な広場で構成され、各街区ごとそれぞれ異なった迷宮の世界が梱包されている。

なるべく早く再建する必要性から、合理的な都市プランによって都市の大枠は計画されたが、細部の私的領域においては市民の自由を許容した結果この土地に伝統的な迷宮の世界が広がり、いわば形式と内容、調和と生とがせめぎ合う興味深い都市空間である。

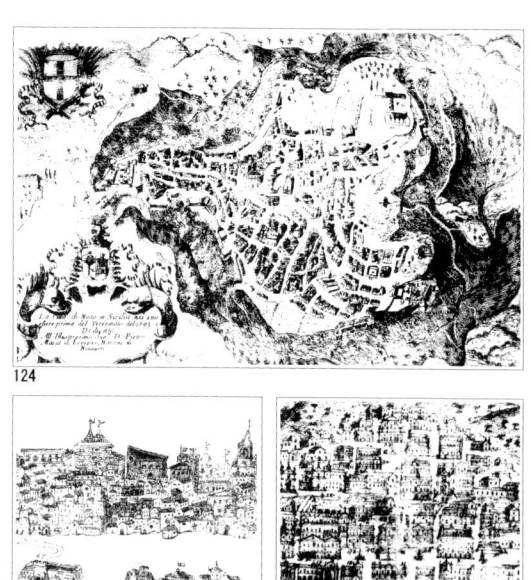
124

125　126

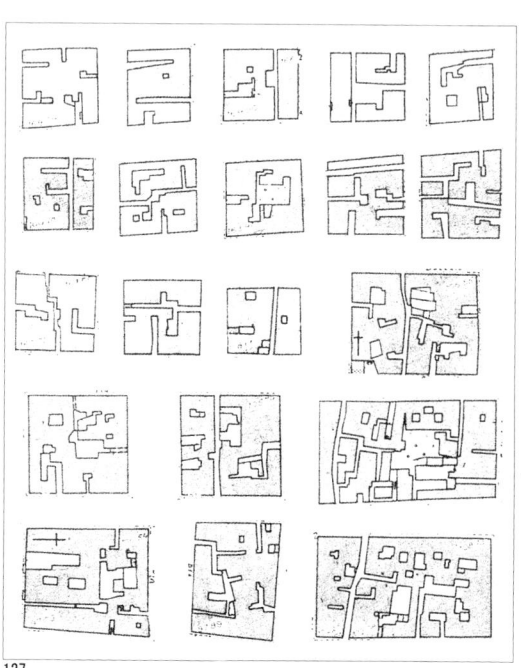
127

124 旧ノト。大地震によって崩壊する以前の都市図。新ノトとほぼ同様な地形の地に自然発生的に形成された都市であったことがわかる。今日でも一部遺構を見学することができる。125 旧ノト・ヴェッキアの西方向から見た都市パノラマ図。17世紀。126 新ノト・ヌオーヴァ。1765年当時の南の方向から都市景観図。127 整然と区画された街区の内側に広がる迷宮の世界。広い街路から狭い路地が街区内に入り込み、迷宮を形成する。多くは通り抜けができず、行き止まりとなっている。シチリアはアフリカ大陸と地理的に近く、9世紀にアラブ人によって征服された歴史を有し、メディナのようなイスラムの都市空間の感覚も記憶されている。上部のほぼ正方形の街区は上町、下部のより大きな街区は下町のもの。

1.6　1つの広場を囲むように形成された集落

　自ずと規模は限られる小さな集落だが、チェコのテルチのように地方の中都市のような規模のものもある。広場では市が開かれたり、祭りが繰り広げられたり、日常の生活の場だが魅力的な広場が多い。

1.6-1　モラヴィアの地方都市テルチ(Telc)、チェコ

　チェコ南部の13世紀以来の中都市。交通の要所で、農産物の集結地として発展した。1つの広場を囲むように形成された集落としては大きい。だが規模は自ずと限られ、人口は700〜800人程度、自然の池と濠に囲まれた環濠集落で、敵からの防衛を意図した。今日でも都市門が2つ残っている。広場は不整形で、勾配は比較的大きい。この広場で市が開かれた(大規模な市が開けるように、大きな広場が形成されたと考えられる)。広場を形成する2〜3層の建物の多くは16〜18世紀のもので、北ヨーロッパに多い「妻入り」である。広場に向かった建物の正面ファサードにはメイクアップが施され、それぞれ固有の壮麗さを競い合っている。間口が小さく、奥行きが大きい「うなぎの寝床」型で、裏手には池に面するように比較的大きな庭がある。住民には農業を営む人が多い。また冬季雪の多い地域で、広場を囲んでアーケードが連なる。

128

129

130

131

128 1728年当時の都市景観。後背地は農村地帯で、広場では農産物や畜産等の市が開かれた。129、130、134 広場の景観。「妻入り」のファサードは建物の構造体とは独立していることから比較的自由に造形でき、それぞれ美しさを競い合っている。広場の勾配が大きいことがわかる。131 教会越しに見る広場の鳥瞰。132 都市図。A：平和の広場 B：池 C：都市門 D：市庁舎 E：旧領主の城館 F：教会。133 20世紀初期の広場。中央のフラットな屋根に見せかけている建物が市庁舎。アヒルと子供たちが遊んでいる。敷石が今日と違って美しい。135 都市の周囲を囲む池。各住居はこの池に面して庭を持っている。137、138 広場の周囲を廻る都市回廊。136 妻入りの建物が並ぶので雨水を排水する雨樋のデザインにそれぞれ工夫を凝らしている。

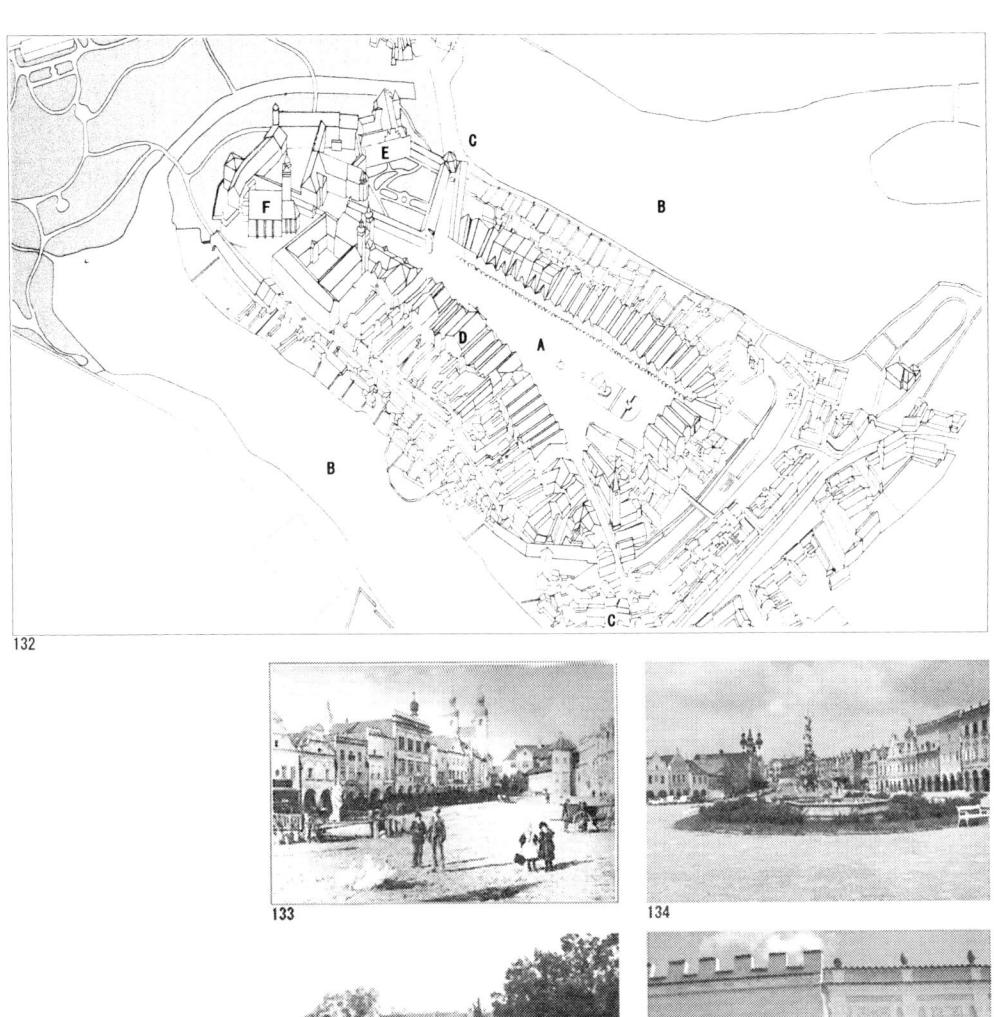

1.6 ひとつの広場を囲むように形成された集落

132

133

134

135

136

137

138

37

1.6-2 スイスの地方都市——アールベルク（Aarberg）、スイス

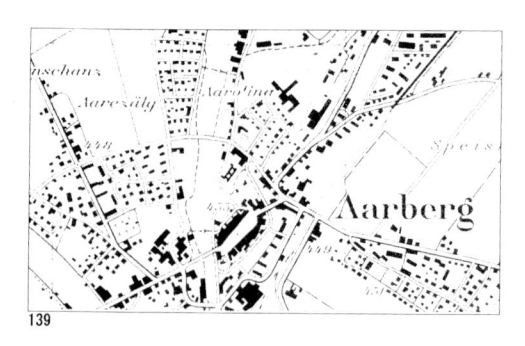

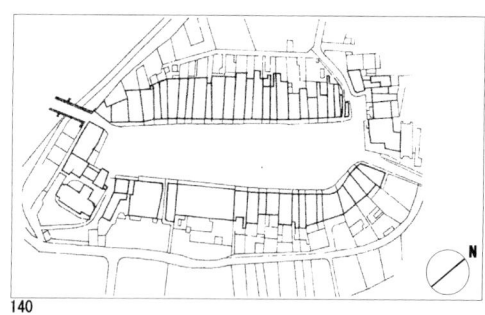

スイスの中西部、ビールに近い地方都市である。後背地は農村地帯で、このアールベルクは農産物の集結地である。広場では今日でも定期的に農産物や牛、馬、豚などの畜産の市が開かれる。1つの広場を囲むように形成されたこの集落は、こうした市を開くためと思われる。広場の景観は良い。間口が小さく、奥行きが大きい「うなぎの寝床」型の住居で、裏庭では野菜や花などが栽培されている。当初はル・ランドロンのごとく、独立した集落のみであったが、周辺では1960年代より市街化が進んでいる。

139 周囲は田園地帯だが、市街化が進んでいる。140 東南-西南方向に細長い広場への日照は良い。141、143 スイスによく見られる屋根がかかった木橋を渡ると広場に出る。142、144、145 広場を囲む建物は3～4層、平入り。1階は店舗でカフェ・レストランもある。広場では頻繁にいろいろな市が立つ。

1.6-3 スイスの農業集落——ル・ランドロン (Le Landeron)、スイス

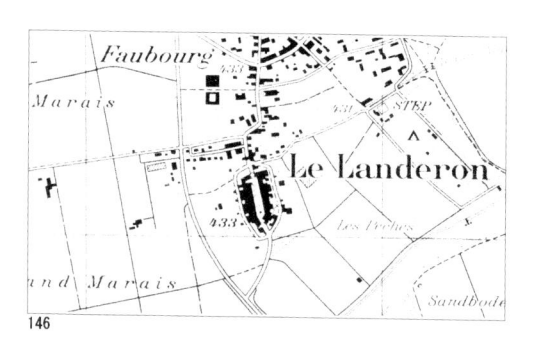

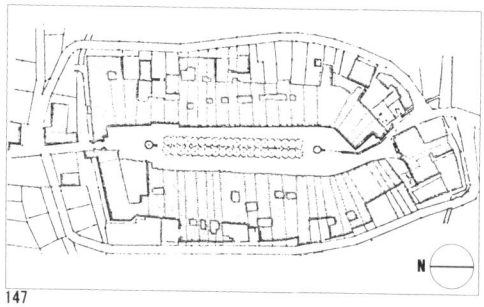

スイスの中西部、ヌ・シャルテル近郊の農村地帯の小さな集落。もともとは周囲を濠で囲まれていて、防衛の観点から農業集落が形成された。畑は周辺にある。3層の建物が1つの広場を囲む。広場には2列に樹木が生い繁る。広場の大きさと建物のスケールが良い。農家の他、今日では観光客が訪れることからレストラン、ホテル、土産物屋等がある。

146 農村地帯の小さな農業集落。付近に流れる川の水を利用して周囲を濠で囲んだ環濠集落であったが、濠は埋められた。アールベルクと同様に広場への日照は良い。147、148 都市図と鳥瞰図。今日でもまだ都市門が残っている。149、150 広場の景観。樹木の下にはレストランが出店を出している。建物は3層平入り。151 周囲の畑から集落を見る。駐車場は集落の外に整備されている。152 干草が山と積まれ、住民は農業を営んでいることがわかる。153 夕方になると、畑からトラクターで帰宅する。

2 自然発生的集落

2.1 アルプス南麓の集落

2.1-1 石の村、ブリオーネ(Brione)、スイス

　アルプスの南麓には湖水が多く景勝の地だが、湖に流れ込むアルプスの雪解け水によって山を削り取られた谷が多くの谷筋を形成している。ブリオーネはロカルノから谷間を20kmほど上ったところの山峡の集落である。周囲が険しい山の斜面にあって2つの川が合流する南に拓けた緩やかな南傾斜地に、山津波から逃げるように崖地を避け、家々が軒を接するように集積していった。飲料用と畑の水を確保し得、谷を見下ろし眺望も良い。ここを定住の地と選んだ人間の知恵である。各家は屋根、壁、床に至るまで土地で採れた石で造り、アルプスの南側の石の文化を象徴する。これに対しアルプスの北側では木造(校倉)の家々の集落が多く、北ヨーロッパは本来は(中世まで)木の文化であったことを思い起こさせる。

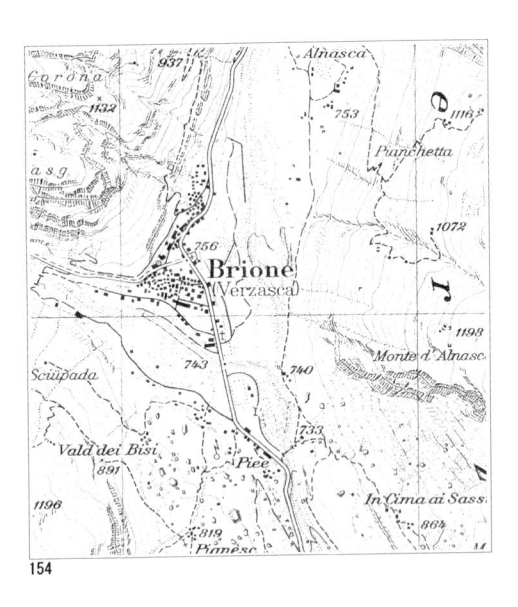

154 ロカルノからアルプスに向かって谷間を昇っていく。周囲には3,000m級の高峰が連なる。155 村を遠望する。背後には高い山が迫る、教会の塔がランドマークとなっている。156 村の教会。バロック様式で、壁には塗り仕上げが施されている数少ない建築の1つ。157、158 迷路のような路地と広場からなる変化に富んだ集落の空間。広場の井戸端にはテーブルと椅子があり、住民が集まる。石の家が美しい。159、160 アルプスの北の麓の集落にはこのように校倉の家が多い。写真はグリメンツの集落。

2.1-2 石の村、ボルゴーネ(Borgone)、イタリア

　アルプスの南麓のもう1つの谷あいに形成されたイタリアの集落である。険しい南－南東の斜面に集積した集落で、迷路のような街路と不整形の広場によって形成されたアノニマスな魅力的な集落の空間だ。アノニマスとは無名性を意味し、つまり名のある建築家ではなく、村人たちが自分の家を建てるにあたって、地形や日照、通風、周囲の景観それに隣家等との関係性を経験や知恵を生かしつつ考えたものだ。こうした家々が集積したもので、全体として偶然に形成された集落の空間といえよう。Aは教会で村の高台に立つ。入り口前の小広場は地形とDの家の庭に制約されて不整形である。AとB、C群の建物、それにD、Eの建物の向きが相違するのは等高線すなわち地形に沿って建てたに過ぎない。BはCとそれほど高低差がなく、従って南に庭を広く取ったのであり、湾曲する街路もそうして形成されたものである。階段によってそれらは相互に連結されている。

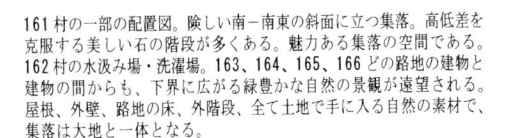

161 村の一部の配置図。険しい南－南東の斜面に立つ集落。高低差を克服する美しい石の階段が多くある。魅力ある集落の空間である。
162 村の水汲み場・洗濯場。163、164、165、166 どの路地の建物と建物の間からも、下界に広がる緑豊かな自然の景観が遠望される。屋根、外壁、路地の床、外階段、全て土地で手に入る自然の素材で、集落は大地と一体となる。

2.2 共同体としての漁業集落

　小高い山に囲まれた入り江の港を中心に、自然発生的な低層高密度な集落が形成される。従来、周辺の集落との交通手段は船に頼っていた。トンネルがつくられ、道路網が整備されることによって周辺地域とつながったのは現代になってからの集落が多い。半漁半農の自給自足的生活の形態が多く、当初、港周辺にある本家から分家した家が谷筋に建てられ、次第に谷筋に沿って集落が拡大していく。漁業という生業形態から規定された（船の共同所有・漁獲、敷網等の共同作業）共同体としての集落の面が強い。また利益を合理的に分配する株制度が残る集落もある。

　港を中心に幅員の小さい道路網が形成され、自動車が走行しない（手押し車・自転車の利用）ところから、街路空間は活気あふれる生活空間－住民の憩い、コミュニケーションの場、子供の遊び場となっている。街路沿いに立つ家々の前には生活道具が「あふれ」、前庭がある場合は魚や漁具を洗う洗い場があり、街路に向かって開かれている。そのような開かれた半公共空間はこの集落の社会的連帯を強化する。

　時間行動調査が示すように、港が村のすべての生活の中心となる。老齢者が人口の大部分を占め（人口構成）、漁業の後継者が少ないこと、未完備の下水道による海の汚染など多くの問題を抱える。

167 三重、島勝浦の漁業集落である。リアス式海岸の湾外沿いに集積した低層高密度の集落、活気ある港での作業、漁家の庭で魚を干している光景。活気ある生活空間としての路地空間、庭と路地空間は一体となっている。子供たちが元気に遊び、住民の憩い、コミュニケーションの場となっている。港を見下ろす村のお墓や小学校、こうした村の姿から村の共同生活が見て取れる。

2.2-1 三重、島勝浦の漁業集落

　志摩半島の南つけ根部分に位置し、南東は太平洋に面し、西は大台ケ原系の山々を背に、リアス式海岸の静かな湾岸沿いに集積した漁業集落(三重県海山町)である。平坦地は少なく、明治期にはわずかに農業も行われたが(明治期の公図より)、その後の人口増により畑地の確保が困難となり、ほとんど行われていない。今日、住民の70%以上が漁業に従事している。山が海に迫っている地形のため、漁港中心に幾つかの谷筋に沿って山に向け家々が密集して集積する典型的な漁業集落の景観を呈している。1925年に既に周辺の集落と連結するトンネルが完成していることからすると、近年まで陸の孤島的存在であった他の多くの日本の漁業集落と相違して、比較的早くから交通は発達したといえる。

　次にこの漁業集落を特徴付ける(A)大敷組合株制、(B)本家から分家による集落形成のプロセス、(C)各施設分布、(D)狭小な道路幅員等について見る。

　江戸時代より鯨漁をはじめ鰯、鮪、鰤等多魚種の漁が盛んであったが、とりわけ明治15年頃鰤建網漁業を創業し、定置網漁業の発祥の地として知られる。これが組織・経営化され、紀州浦大敷組合(1898年)、その後多くの変遷を経て村営の島勝共同大敷組合(1936年)となった。「村張り」で、株制の大敷網・大謀網漁業(鰤、鮪、鰯等が対象魚)を今日でも行っている。

　今日、島勝浦大敷組合にはほとんどの漁民が組合員として出資金に応じて1～12株の株を持ち、水揚げ高のうち50%が必要経費となり、残りは株主である漁民に株数に従って配当され、また村の公的費用となる。なお今日の漁業の対象として、他に鰹の一本釣り、ハマチの養殖等がある。

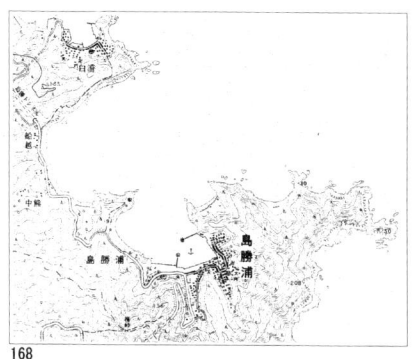

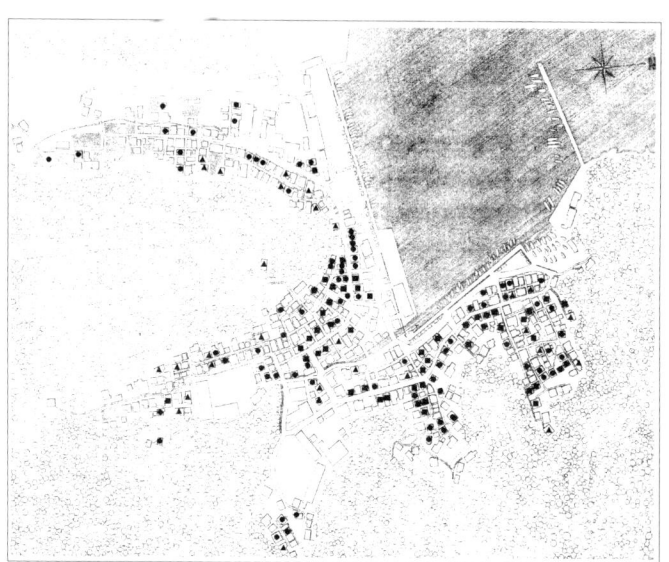

168

169

170 大敷組合株制　　　　　　　　　　大敷組合株数
■ : 12 株
● : 11 株
▲ : 10 株

168 熊野灘に面し、外海の大波を避けるように深い入り江に集積した集落で、この地を選定するにあたっての漁民の知恵がうかがわれる。山を越えると尾鷲市である。169 家々が密集して立ち並ぶ村の遠望。港に面して立つ鉄筋コンクリート造の大きな建物は旅館で、スケールの大きな、異物といえる建物が1つでも建つことは、村の景観に大きな影響を及ぼすことがわかる。

第Ⅰ章　都市と集落の形成

　株数と集落の寺（安楽寺過去帳）より調査した5つの本家は、港周辺の集落の古くからの核にあり、そこから谷沿いに分家し、集積していく集落形成のプロセスが読み取れる。ただこの谷筋は「・・・家」というように1つの本家ー分家といった系統だったものではなく、2～3家の分家による集落形成発展といえよう。

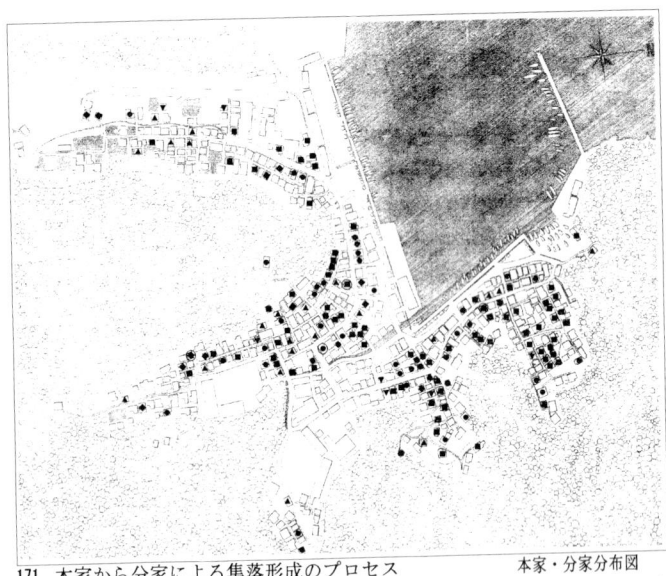

171　本家から分家による集落形成のプロセス

本家・分家分布図
■：山下家　◆：三宅家
●：中村家　▼：島本家
▲：脇家　　○：本家

　各施設は港周辺に集中している。その数は人口に比べて多く、多様といえよう。商店は谷筋に拡大していく集落に点在していく。小学校・中学校等の公共施設は民家が未だ建てられていない丘の上の比較的大きな平坦地に立地する。

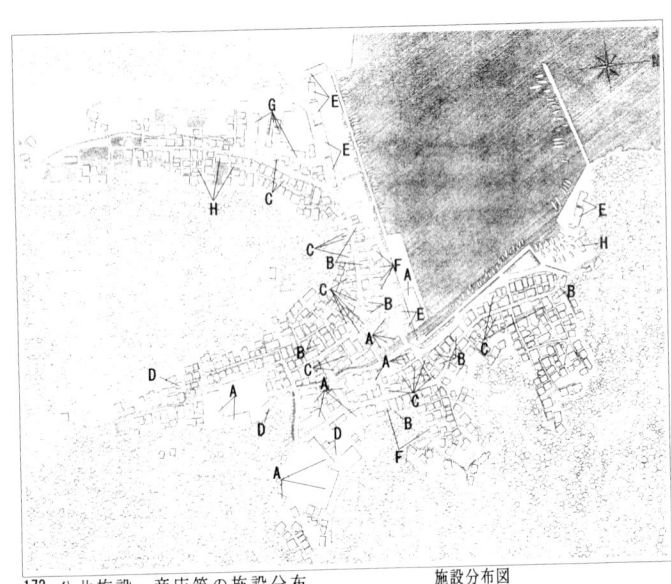

172　公共施設・商店等の施設分布

施設分布図
A：公共施設　　E：倉庫
B：旅館・民宿　F：漁業加工所
C：商店　　　　G：工場
D：宗教施設　　H：建設・造船所

2.2 共同体としての漁業集落

　4.0m以上の道路は少なく、主として港沿いの道路や周辺の集落に通ずる道路に限られる。3.9〜2mの道路が最も多く、また2.0m以下の道路も少なくない。従って自動車が走行する道路は限られ、住民の多くは手押し車や自転車を利用する。道路は本来の街路空間・路地空間として機能し、住民の憩いやコミュニケーションの場、それに子供の遊び場となっている。

173　狭小な道路幅員分布図

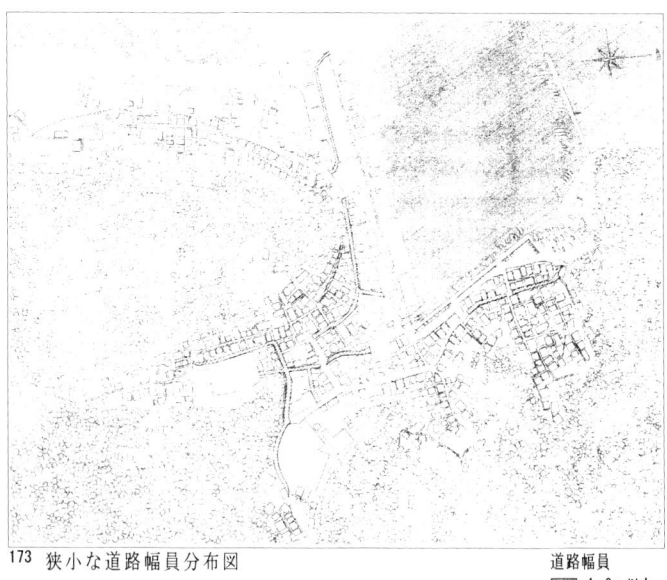

道路幅員
■ 4.0m 以上
▨ 3.9〜2.0m
□ 1.9m 以下

　港を取り囲む山の南西の斜面に、小川が流れる谷筋に沿って自然発生的に集落が形成される。小川の上部に厨房がつくられ、その雑排水が小川に排出されている家も見受けられる。
　複雑に入りくんで形成された路地は、そのほとんどが幅員2m以下であり、坂道が階段となっている。多くの家は増築されているが、その後の過疎化のため、使われていない空き部屋が目立つ。公共空間としての路地と直接、接する。斜面に立つところから、各家のレベル差があり、図面上から想像されるほど日照面で大きな問題は無い。

174　集落・漁家調査

2.2-2　大分、梶寄浦の漁業集落

　大分の南東部、鶴見半島の東端にある小さな漁業集落である（大分県鶴見町）。風光明媚な地で、港がある僅かな平坦地の他は、急峻な山並みが海岸に迫る地形で集落は密集して集積している。畑地はわずかである。1982年に県道が開通するまでは周囲の集落には海からのみしか連絡せず、陸の孤島的存在であった。漁業形態はイカ、フグ、鰺、鯖等の一本釣りと鰤、ハマチ等の小型定置網、それに磯建網（伊勢海老）、延網（タコ）等が主である。また採貝したり潜水して天草、サザエ、アワビ等の採取も行う。

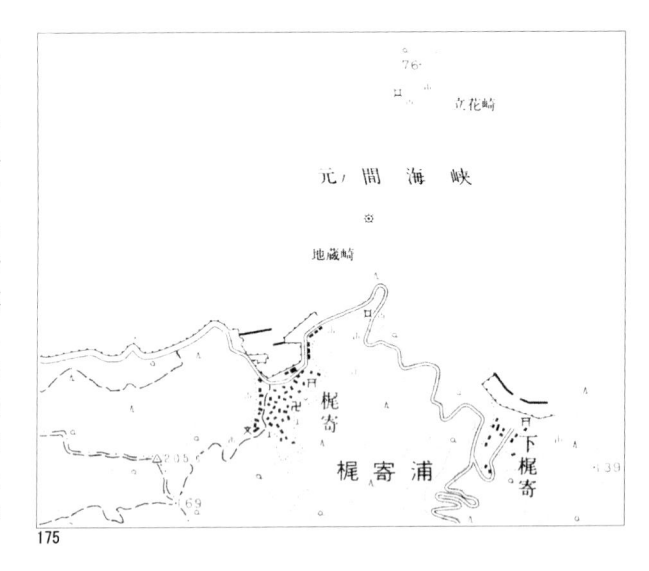

　1984年の梶寄浦の人口構成（住民票による）は男194人、女222人、合計416人の人口であり、1960〜65年にかけて人口の大幅な減少が見られた。高度経済成長により多くの人口が都市へ流出したためと思われる。だが、近年見られる若者のUターン現象により、人口減少に歯止めがかかりつつある。これは都市で働くより漁業者としての方が所得が高いこと、そして劣悪化する都市の生活環境よりこの漁業集落の方が遥かに良いこと等からであろう。年齢別人口構成図に見られるように、65歳以上の人口が集落全体の22.1％になり、今後の高齢化による老人問題が予想される。また39歳以下の若年者は全体の39.4％になり、人口の減少している集落としては大きい比率といえよう。

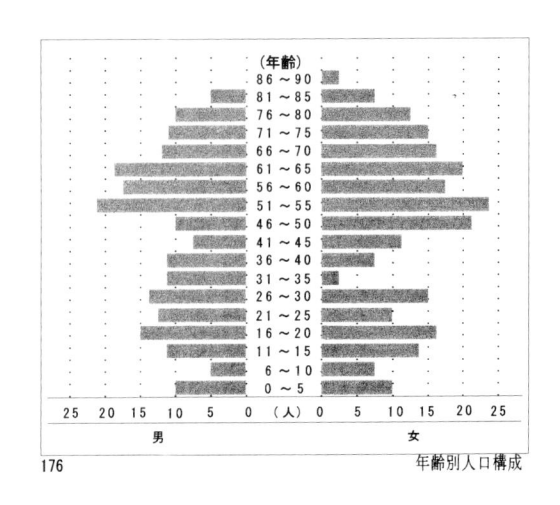

年齢別人口構成

2.2 共同体としての漁業集落

　小・中学校は集落の高台の比較的広い平坦地に位置する。共同井戸が未だに機能し、地震災害時には貴重な施設となる。神社や寺を除いて他の施設は集落の生活の核である港の周辺に立地する。医療施設については町営の診療所があるが、医師は1人で、それも週のうち3日間しかここに勤務していない。住民の精神的支柱である神社や寺は集落の高台にあり、住民の生活を見守る一方、漁業へ出かけた漁民は海上から遠く仰ぎ見ることができる。

```
A：小・中学校      F：神社・仏閣
B：公民館         G：漁業共同組合
C：診療所         H：農業共同組合
D：消防器具置き場   J：給油所
E：共同井戸       K：冷蔵・製氷
```

177　　　　　　　　　　　　　施設分布図

　雨水および家庭の雑排水は排水溝を介して、ほとんど港に排出されており、海の汚染、漁場の汚染につながる問題が指摘される。また屎尿処理については、浄化槽が設置された町営住宅を除いて、ほとんど汲み取り処理(鶴見町役場による)に頼っている。

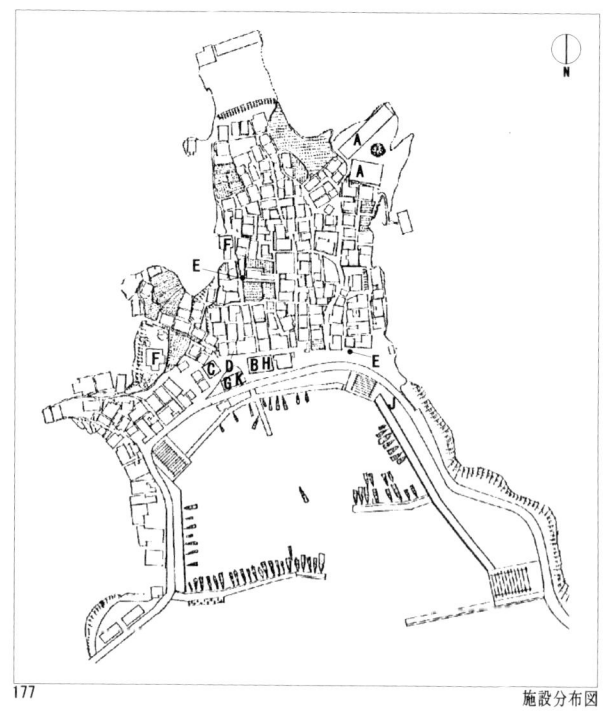

178　　　　　　　　　　　　　排水路系統図

時間行動調査

　1984年8月17日、晴れの一日、朝から夕方まで2時間おきに（午前9時30分、午前11時30分、午後1時30分、午後3時30分、午後5時30分）計5回の行動調査を行った。調査は3グループに分かれ、各調査区域を受け持ち、住民を男、女と老人、老女それに子供と分け、その行動をできるだけ精密に記録するのである。住民間のコミュニケーション、住民の生活の中で集落のどの場が、そして港の持つ意味などを具体的に知るためである。この日はお盆のため帰省者が多く、漁家においても漁業を休む人がほとんどで、通常の生活の日とは差があるが、調査の目的は達せられたように思われる。ここではそのうちの4回の時間行動調査を取り上げる。

1984年 8月17日（金）、晴れ、午前9時30分

A：男7人（船上3人、陸上4人）がホースで水をかけ、網を洗っている。B：老人が竹を割いている。割いた竹で小さいすのこを作り、捕った魚を入れる物の底に敷く。C：老人が10人集まっている。D：女5人が話をしている。E：子供4人が座っている。F：老女4人、子供1人が立話をしている。G：老女が干し物をしている。H：老人4人、老女1人が話をしている。J：男2人が丸太を電気カンナで削っている。

時間行動調査—午前9時30分
● :男　○:女
■ :老人　□:老女
▲:子供

1984年 8月17日（金）、晴れ、午後1時30分

A：男5人が釣りをしている。B：男が竹を削っている。C：老人4人が座って話をしている。（ここは漁船の給油所の前）D：老女1人、子供1人がビーチチェアに座っている。E：男2人、老人1人が立話をしている。F：女1人、子供4人が遊んでいる。G：男1人、老人3人が宅配便の車に荷物を渡している。（この後ろからも何人かが荷物を持ってきた。）H：子供4人が公民館の2階のバルコニーで話をしている。J：男1人、老女3人が公民館の横に座って話をしている。K：老人1人、老女2人、子供2人が路地にゴザを敷き、座って話をしている（この場所は道の入り口なので人がかなり通る）。L：老女1人、子供1人が干し物のイカを干している。M：男1人、子供3人が海で遊んでいる。

時間行動調査—午後1時30分
● :男　○:女
■ :老人　□:老女
▲:子供

2.2 共同体としての漁業集落

1984年 8月17日（金）、晴れ、午後3時30分

A：男4人が釣りをしている。B：男2人が車のワックスがけをしている。C：男が網の修理をしている。D：男が船の整備をしている（掃除をしているようだ）。 E：男が船の整備をしている。F：男5人、老人5人が座って話しをしている。G：男1人、女1人が陸に上げた船の上に座っている。H：子供2人が井戸で体を洗っている。J：男2人が自動販売機の前に座って話をしている（販売機の売上金を出している途中だったようだ）。K：男が電柱に登り電線工事をしている。L：老人2人、老女4人が路地に座って話してる（この道は県道を除くと一番広い道で人通りも多い）。 M：女が干してあったゴザを片付けている。N：子供が遊んでいる。O：老人7人、老女2人が公民館の横に座って話しをしている。P：子供6人が小船に乗り遊んでいる。Q：女4人が子供たちが海で遊んでいるのを見ながら話をしている。R：女4人、雑貨屋の車が来て買い物をしている（主に野菜やパンを売っていた。また肉類は別の車が来る）。S：女1人、子供1人が海辺で遊んでいる。T：男が座って煙草を吸っている。U：男2人、老人2人が引き上げた船の下で座って話をしている。V：男3人、女3人、老人1人、子供1人が路地に座って話をしている。W：子供2人が海辺で遊んでいる。X：老人2人、子供1人が座って話をしている。Y：男5人が船のマストを作っている（ペンキを塗っているところ）。Z：子供4人が海で遊んでいる。

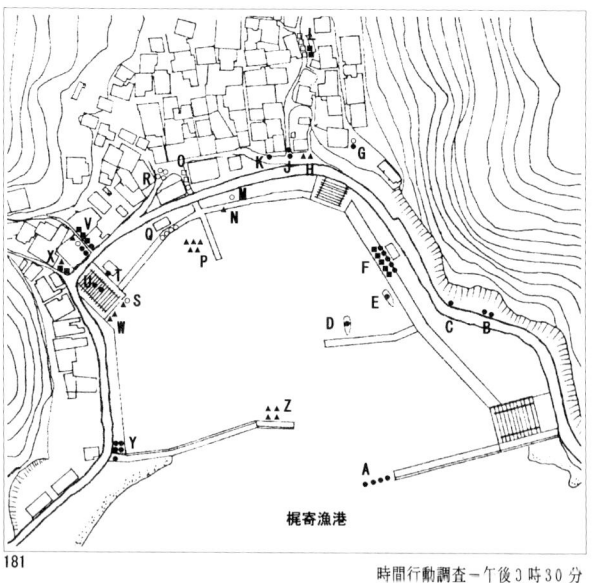

181

梶寄漁港

時間行動調査－午後3時30分
● 男　○ 女
■ 老人　□ 老女
▲ 子供

1984年 8月17日（金）、晴れ、午後5時30分

A：男1人、女2人、子供2人が夕涼みをしている。B：女3人、子供5人が夕涼みをしている。C：女1人、老女2人、子供（赤ん坊）1人が子供をあやしながら話をしている。D：男3人、老人7人が防波堤の上に座って話しをしている。E：子供2人が遊んでいる。F：老女2人が椅子に座り涼んでいる。G：子供3人が遊んでいる。H：男1人、老人1人が生イカに串を刺している。後でこれを干すのだろう。J：男1人、老人1人、老女1人が公民館の横に座って話をしている。K：女1人、子供1人が遊んでいる。L：男3人、老人3人、子供1人が引き上げた船の下に座って話をしている。M：男3人、老人1人が漁から帰り、船から魚を出している。N：男2人、女2人が捕ってきた魚のための氷を出している。O：老人が船に溜まった水をかき出している。P：老人2人、女1人、子供3人が釣りをしている。

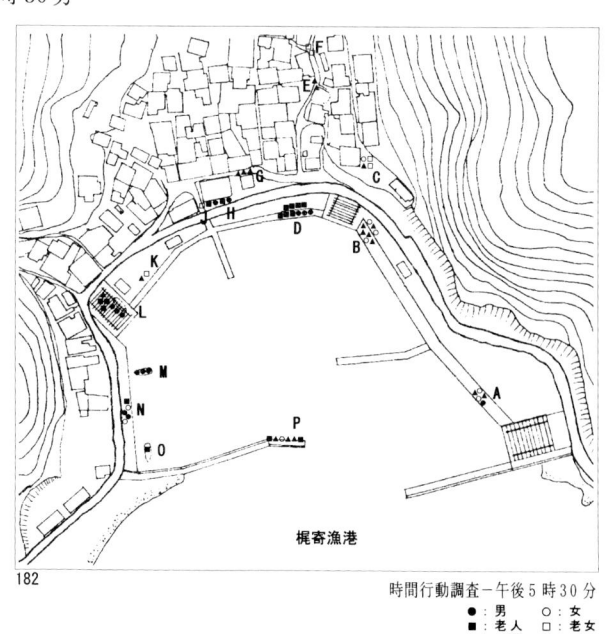

182

梶寄漁港

時間行動調査－午後5時30分
● 男　○ 女
■ 老人　□ 老女
▲ 子供

49

2.2-3 丹後、伊根浦の漁業集落

　京都府の北端、伊根湾沿いに約5kmにわたってびっしりと並んだ約230の舟屋群の景観で知られる漁業集落である。1つの漁家は海から舟屋・庭・住居と3つの部分からなる住居単位となっていて機能的な配置である。この住居単位が海に面して連続する舟屋は小型舟を格納する舟庫と漁具の倉庫となっており、潮の干満の差が少ないことから舟屋が可能になったという。世帯数は361世帯で、人口1,441人(1988年現在)である。漁業形態はまき網漁業(鰯、鯖、太刀魚等)、釣り延縄、小型定置網、養殖、イカ釣り、底引き網等が主である。まき網漁業等を自営事業する伊根漁協には全戸数の9割以上、230人が組合員として加入し、すべて平等出資し平等の権利を有し、水揚げの利益は平等に配分される。こうした共同体のありようは、この集落に江戸時代から続いた鰤株制への反省から成立したものである。当時田畑を持った者にのみ株(田畑とも一体化していた)が与えられたと思われ、有株者のみが鰤刺し網を入れることが許され、その後これは他の魚種まで拡大適応されたという。無株者は「水呑」と言われ、漁業から田畑の耕作まで使用人扱いされ、村の組織、行事に至るまで不平等な身分制ともいうべきものが昭和の時代まで存続し、1940年になってようやく廃止されたという(和久田)。

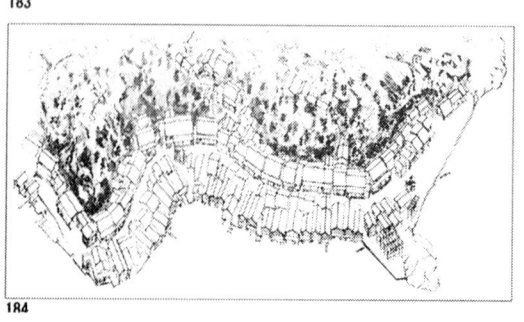

183

184

185

186

187

漁業集落における建物の機能的な配置

188

A：海に面して舟屋となっている。舟屋は舟や漁具の格納庫であり、漁具、漁網等の干し場、修理の作業場でもある。妻入りであり、昔はわら葺きで、板や土の壁はつくらず、わらや古縄を下げた風通しの良いつくりとなっていた。
　現在では瓦葺きで、下層は小型の舟用の舟屋で、上階は子供、老人の部屋、あるいは民宿として利用されているものもある。潮の干満の差がほとんどないことから、舟屋が可能となったという。

B：庭は網の修理等の作業場と同時に子供の遊び場でもある。
　当時は船の交通のみだから道路は必要なかった。庭づき合いで足りた。現代になって、この庭が道路になった。

C：住居（母屋）は平入りで、背後には急斜面の山（神社、寺が立地）が迫る。
　こうした機能的配置は佐渡の漁村にも見られることから、日本海沿岸の各地の漁村に見られると思われる。

183 伊根湾鳥瞰。184 伊根湾沿いにびっしりと並んだ舟屋群。屋根伏図。185 1910年代の舟屋群。わら葺の屋根となっている。186、189 今日の舟屋群。大きな舟は入れない。187 真夏の七月末に行われる伊根祭り。祭礼舟、船屋台等が高梨の宮の浜へ向かう神様の海上渡御。188 配置図、断面図。舟屋・庭・住居の機能的配置。

189

2.2-4 南イタリアの漁業集落――プロチーダ島(Procida)、イタリア

　南イタリアのナポリあるいはポッツオーリから船で40分から1時間ほど行ったところの小島である。この辺りは火山地帯で、温泉が出、古代ローマのハドリアヌス帝が死去したバイアあるいは隣のイキア島等の保養地が点在する。プロチダ島も火山島で大きな港のあるサンチョ・カトリコと島の反対側にあるコリチェッラの2つの漁村集落があり、17世紀以降自然発生的に形成された。

　コリチェッラの集落は教会を中心にこれを取り囲むように発達し、徐々に南西の方向に伸びていった。山の急斜面、崖地に積み重なるように集落が形成され、港から外階段を手がかりとして結合されている。

　住戸は3〜4層であり、地上階は船の倉庫となっており船の修理や道具入れともなっている。伊根の舟屋と比較しても興味深い。伊根の場合と同じで小型のボート程度の船しか入らない。上階は各階ごとそれぞれ住居となっており、港から共通の外階段を利用してアプローチする。住居は厨房、食堂等は海側に位置し、寝室などはその奥にある。トイレは外階段の近くにあり、いくつかの住戸で共同使用する。地下室は雨水を溜めた貯水槽となっていたが、今

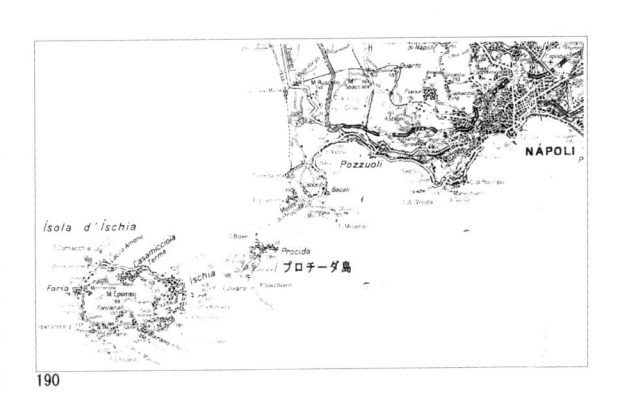

190

190 プロチーダ島へはナポリかまたはポッツオーリから定期船で行く。右手に古代ローマ時代の有名な温泉保養地バイアを見つつ、サンチョ・カトリコの港に着く。そこからバスか徒歩で山越えをして島の反対側のコリチェッラへ行く。191、192、193崖地に積み重なるように立つ住戸は赤や橙、青色等に塗装されて色彩豊かだ。194、195、196港では網を干したり修理したり、船の修理、塗装等、仕事の場でもあり、子供の遊び場でもある。夏には観光客も多く、小さなレストランが数軒ある。197、1981階部分は船庫となっている。外階段を利用して港より直接、上階の住居へ行く。199、200 平面図と断面図。1階は船庫、2階は1住戸、3階、4階はそれぞれ2つの住戸となっている。

191

192

2.2 共同体としての漁業集落

日では上水道となっている。

　港があらゆる意味で生活の中心となっている。港から直接、外階段を利用して各戸へのアプローチするし、各住戸から港が見える。そして海も見える。港では網の修理や船の手入れなど作業場ともなる。子供の遊び場でもあり、夕方になると涼みに村人が集まる。今日では都会の人たちの別荘として使われている住戸も多いという。

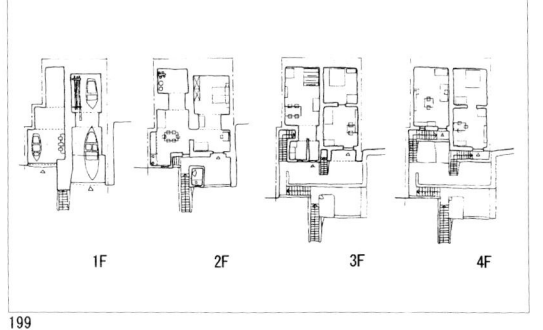

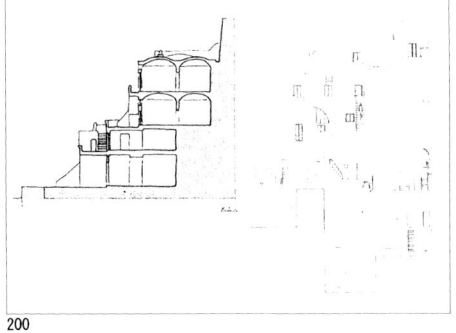

193

194

195

196

197

198

1F　2F　3F　4F
199

200

53

3　新・旧集落の形成
——ローマ近郊、サン グレゴリオ ア サッソーラ（S. Gregorio a Sassola）、イタリア

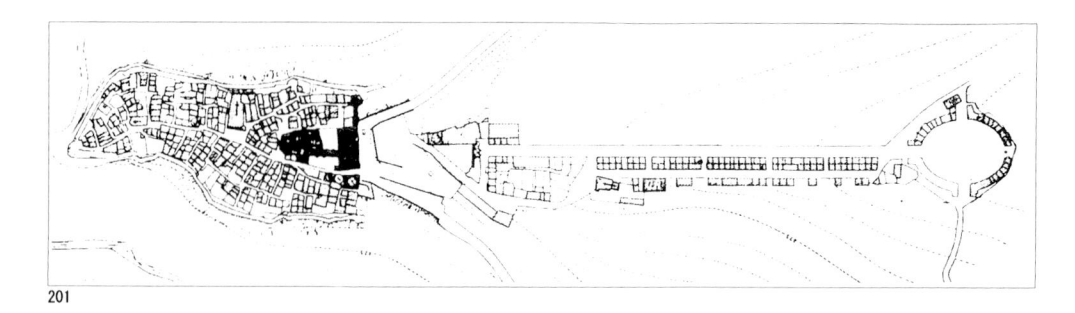

　ローマ近郊のなだらかな丘が広がる丘陵地に立つ集落だ。領主の城館を中心に自然発生的に形成された中世的な旧集落は堅固な城壁に囲まれ、丘の上に戦艦のように突如現れる。城館の背後に広がる新集落は今世紀に計画された。城館の中心軸を手がかりに、城館前の広場によって一端切り離しつつも、その軸線（一直線に延びる主要街路）を延長して終結部を住居群によって囲まれた楕円の広場としている。新・旧集落のある一体性は、どちらも同じ尾根上に形成されたということが大きな役割を果たす。

201 旧集落の黒塗り部分が旧領主の城館。新集落の主要街路の両側には街路樹と住居群が立つ。等高線から新・旧集落は尾根づたいに形成されていることがわかる。202 楕円の広場。203、204 丘陵地に戦艦のような集落が突如現れる。205 旧領主の城館。前に広場がある。206、207 新集落の明快な構成に対し、路地と小広場から構成される迷宮の世界としての旧集落。

第Ⅱ章　場と空間構成

本章においては、計画行為における場についての思考——場を選びとり、場を読むことの意味、そして空間構成における形と内容、形式と生の問題に焦点をあて
　　1：場を選びとる
　　2：景観を取り込む
　　3：軸線の設定と左右対称的構成
　　4：「生きられる」ことによって形式が崩れていく
　　5：大地に馴じむ
のごとくテーマを設定し、構成した。
〈1〉は、例えば重源上人が播磨の浄土堂を建立するにあたって、浄土の世界を堂の空間に実現すべく、村中をくまなく歩き、綿密に調べ、そのイデーの実現を可能とする場——建立の地を選んだごとく、計画行為の最重要点の1つである。ただ計画敷地が既に存在して、計画が委託される場合が多いのも事実である。が、そうした既にある計画敷地内における場の選定もこの範疇に入る。〈2〉、〈5〉は場を読むことの大切さである。神の棲む山の近くに生きたいと願った古代ギリシャ人が、例えばアテネのアクロポリスの丘の神域の計画において、朝陽が昇る山の景観を積極的に取り込んだことは、製図机上のみで観念したものでなく、その場に立ち、読み、思考したものだ。そしてその1つとして地形を読むということも基本的なことだが、その重要さは深く理解されていない。〈3〉は古典的といってよい空間構成の手法だが、主としてその計画背景を探り、〈4〉その「形式」が「生きられる」ことによって崩れていくことにふれている。そして終わりに、従来の計画概念ではくくれない「もう1つの考え方」として
　　6：偶然性・作意の限界・非完結性・非統一性の概念の導入
に焦点をあてた。
初めにテクストを挿入し、先学の言に耳を傾けつつ、検討を加えた。計画行為において非常に重要な概念でありながら、従来、重要視されなかったといってよい。

1 場を選びとる

1.1 神々が棲む偉大な自然景観に抱かれる
——アポロンの神託の地デルフィ(Delphi)、ギリシャ

　アポロンの神殿とその神託で名高い聖地デルフィは偉大なる自然景観の地である。神々が棲むという霊峰パルナッソス山を背に、コリント湾に注ぐプレイトス川が流れる渓谷を見下ろすと銀緑色に輝くオリーブの樹海が広がる。その向こうにはコリント湾の光る海が眺望し得る。そしてパルナッソス山を見上げると、透き通る大気、天空まで貫く青い空、透明な乾いた光と風の中、巨大な屏風のような絶壁を背にアポロンの神殿が屹立する。

　古代ギリシャ人の都市と神殿を建設する地を選定するにあたって、偉大な自然景観への執着が大きかった。そしてそれを見抜く眼識は並外れたものだった。それはなぜか。ある初期ギリシャの哲学者は「人間は人間である限り、神の近くに住む」といったが、古代ギリシャ人は神々の存在を感じる偉大な自然の景観が生への手がかりとなること、それが自分たちの実存的意味に大きな役割を果たすことを知っていたに違いない。だからこそ偉大な景観に執着し、その中に抱かれるように生きようとした。このデルフィに限らず他のギリシャ都市、それに南イタリア、シチリア等に建設された植民都市はそのどれもが雄大な自然に抱かれた景勝の地といってよい。デルフィはその中でも最も崇高である。

　神域は300ｍもの高さの切り立った岸壁を背にした急勾配の南斜面で、周囲を高い塀壁によって俗界と隔てられている。主要入り口(a点)を入り、たくさんの立像や奉納物とそれらを収める宝庫、小建物が両側に立ち並ぶ緩やかな傾斜の「聖なる道」を進むと道は突然右に折れ、やや急な坂道となる。この折れ曲がった地点(b点)で視界は拓け、奉納庫や宝庫越しに上方「輝く岩」

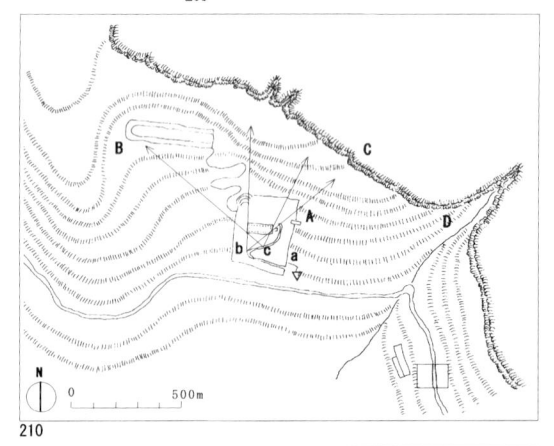

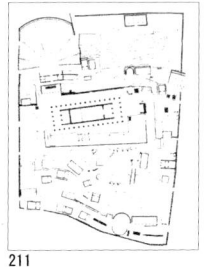

と呼ばれる絶壁を背景にアポロンの神殿が仰ぎ見える。基壇上に神殿が屹立する壮大な景観だ。このb点の場の設定と神殿の向きが良い。長手方向の北側ファサードだけでなく、西側ファサードも見えるため、神殿の全体像が捉えられ、見るものを圧倒するからである。屏風と見立てた「輝く岩」を背景に神殿の列柱の奏でる音楽が透明な大気の中を響き渡るようだ。

祭礼の日の朝、日が昇り始める頃、折り返し地点でその壮大なる景観を一瞥し、方向を変えた祭列は神殿を斜め上方に見ながら、東側正面ファサード前に祀られた祭壇へとやや急な「聖なる道」を前方の高く切り立った岩壁に向かって厳かに進む。神域全体を包み込むように突き出た東側の岩壁によって朝日は遮られているから、前方の岩壁は未だ黒い壁だが、斜め上方の神殿ははじめはこの黒い屏風のような背景の枠内にすっぽり収まっている。だが北側ファサードのほぼ中間、昔、巫女シュビレが神託を歌ったという「シュビレの岩」辺り（c点）に来ると岩山の稜線を破るように、未だ明けきらない紫色の空の中に神殿はそのシルエットを映し始める。

神殿の列柱のリズムに呼応しつつゆっくりと進む祭列は「聖なる道」を登りきったところで祭壇の前に到達する。やや時間がたって祭壇での供犠の儀式の準備が整う頃、神殿に朝日が射し始める。その光をいっぱいに浴びて光輝き始める神殿の正面ファサードに祭礼の参加者は感嘆する。そして視線を左に移せば眼下に広がるオリーブの樹海の向こうに、光る海が眺められる———神々しいばかりの光景である。

デルフィの神域の設定やアポロンの神殿の建立位置などの選定において、古代ギリシャ人はこのように自然景観との融合を構想した。

208「輝く岩」上からアポロンの神域を見下ろす。向こうにコリント湾の光る海が見える。神域の辺り一帯は、19世紀末の発掘調査が始まるまでは、集落となっていた。209 雄大な山々に囲まれた神域。手前はアポロンの神殿。210 神域と周囲の地形。A：アポロンの神域、B：陸上競技場、C：パルナッソス山・「輝く岩」の絶壁、D：カスタリアの泉、E：体育館。211 神域の想像復元平面図。212 屏風のような「輝く岩」を背景に屹立するアポロンの神殿。213「聖なる道」を昇るにつれて、神殿は岩山の稜線を破るように青空の中にシルエットを映し始める。214 野外円形劇場の上の席から、オリーブの樹海と雄大な山々の向こうに海も見える。215 神域の外、上方にある陸上競技場と観客席。

1.2　寺をとりまく峰々を八葉蓮華に見立てる──奥州下北の聖地、恐山

「死ねば恐山(おやま)へ行く。そこには地蔵さまがいて、地獄に落ちないように死者を導いて下さる」──恐山は民衆の信仰の聖地である。本州北端の下北半島にある恐山は周囲を峰々に囲まれ、白い砂浜と清らかな水を湛えた湖がある一方、あちこちの岩の間から煙が立ち昇り、また不気味な音を立てて熱湯が各所に噴出し、その辺りは緑は枯れ荒涼とした異様な景観を呈している。ここは極楽と同時に地獄をも連想させ、人々は恐れ慄き「恐山（おそれざん）」といったという。ここへ行くには困難な山越えをせねばならない、人々が暮らす里の上の山の上にあるもう1つの世界だ。

ここは旧恐山火山が噴火し、山頂付近が吹き飛んでできたカルデラだという。標高600～800mの外輪山に四周を囲まれた山の上の盆地で、湖はカルデラ湖の宇曾利湖、山は休火山だから地熱帯が地中を走り、それであちこち岩の間から煙が立ち昇り、熱湯が噴出しているのだ。天台の僧、慈覚大師円仁（794～864年）が9世紀にこの地に寺を創建したと伝えられる。第17次遣唐使の留学僧として唐に学んだ円仁は、その時故郷（栃木県）の東北に霊峰ありと夢を見たという。帰国後、その夢に誘われこの地に辿り着いたといわれるが、確証はない。あるいは円仁ではないかもしれない。

いずれにせよ山岳修行で峰歩きに長じた僧が、東北地方の峰々をあちこち歩き回った末、この地を発見した。下の里の俗界と隔てられ、盆地のようなこの地の四周を取り囲む峰々はちょうど八葉の蓮華（蓮の八枚の花弁）のようだと霊感が走ったに相違ない。そしてこの地に寺を建立した。

外輪山の主要な8つの峰を八葉蓮華に見立て、この地を仏法の聖地と選びとった僧の眼識が、民衆の信仰の地と発展した最大の契機である。これは空海が紀伊の国の山

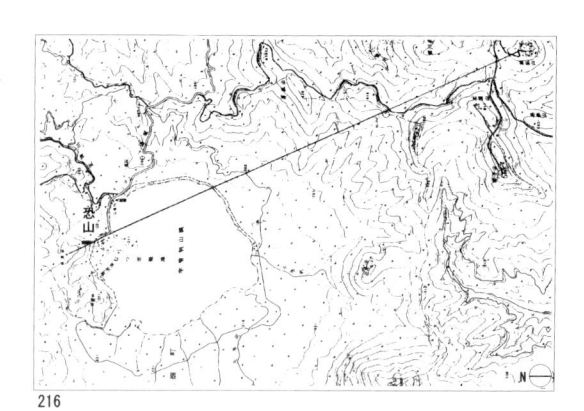

奥に分け入ったとき、周囲を囲む峰々を八葉蓮華に見立て、その高野の地を選び定め、仏の教えの聖なる空間としたのと同様である。

　伽藍配置において、1つの明快な軸線が設定されている。恐山の最高峰で山伏修験の道場があり人々の信仰を集める山、釜臥山（標高879m）と地蔵山を結ぶほぼ南北の軸で、この軸線上に山門、参道、本尊の延命地蔵尊を安置した地蔵堂が配された。その裏手の地蔵山の山腹にこれも同じ軸線上に不動明王が安置されている。信仰の対象である2つの山を軸線設定の手がかりとしている。混沌とした俗世にあって、仏教的世界の秩序を象徴する軸である。

　境内である仏の聖域は他方、降魔石、大王石、みたま石や無限地獄、血の池地獄、修羅地獄などの八大地獄それに極楽浜、胎内くぐり、五智山（五智如来）、三途の川等々それぞれ石や熱湯が噴出する場所、湖の美しい砂浜、小山それに川などが仏の小世界に見立てられ、これを人々が廻遊するかたちとなっている。

　この山岳盆地を囲む峰々が尊い八葉蓮華という地形だけではない。岩や熱湯の吹き出るところ、湖やそれに小山や川といったこの地の自然景観（のエレメント）そのものが、地獄や極楽やこの世とあの世を隔てる三途の川の様相を現出している。境内のあちこちに湧き出る温泉に疲れを癒しながら廻る民衆の心に仏の教えを植えつける仏教的景観である。　僧のこの地の仏の聖地として選地にあたっての眼識なくしては、この仏教的景観は無かった。

216、217 カルデラ湖である宇曾利湖の四周を八葉蓮華に見立てた外輪山が取り囲む。釜臥山と地蔵山を結ぶ軸線上に伽藍が配置される。手前が地蔵堂。218、219、220 軸線と一致する参道。山門をくぐると本尊延命地蔵尊を祀る地蔵堂がある。四十八灯が参道を照らす。右手に寺務所、宿坊、薬師堂等がある。そうした軸線がある一方、仏の小世界に見立てられた場を回遊する構成となっている。221、222 熱湯が噴出し、煙が立ち昇り、巨岩が転がる荒涼とした「地獄」を思い起こさせるような景観。223 宇曾利湖の美しい「極楽」の浜。

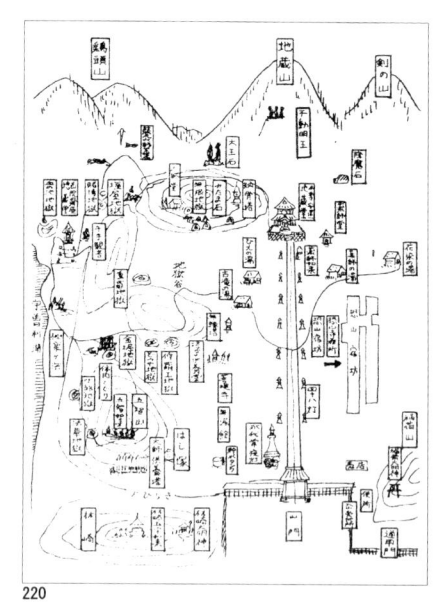

1.3 赤い夕陽に包まれる浄土の世界——播磨の浄土寺、浄土堂

　浄土寺は兵庫県小野市浄谷にある。姫路平野を西の方角に見下ろす高台にあり、12世紀末内乱で南都(奈良)炎上の際、灰燼に帰した東大寺を再建した僧重源の建立によるものだ。当時、この地域は東大寺の寺領で大部庄といい、重源は東大寺再建の仕事と平行して、寺僧達に田畑を開墾させるなどこの荘園を経営した。周防、伊賀、摂津など重源は全国7ヵ所に別所を造営したが、浄土寺、浄土堂はこのうち今日唯一つ残る重源の建築である。

　浄土寺は薬師堂、湯屋、鐘楼それに重源の弟子定範が後に整備の一環として建立した八幡宮、拝殿等がある寺だが、浄土堂は薬師堂に対峙するように境内の西、高台の際に立つ。重源は浄土寺そのものの建立の地の選定とともに、境内の浄土堂の建立の場を選びとるにあたって、よくよく思考した。寺の建立の構想の鍵ともなる部分だからである。

　三間(18.2m)×三間の正方形の建物で屋根は宝形、瓦葺、反りは無く、垂木の鼻に隠し板が回っており、軒高が低く端正な形態をしている。どちらかというと質素な外観でスケールの大きさを感じさせないのに対して、堂内に一歩足を踏み入れると、中央の四本の太い柱が上まで突き抜け、屋根構造が露出していることからこれを見上げることができ、これと外周の柱を緊結する虹梁が幾重にも重なりせり上がっていく力強い雄大な空間に圧倒される。

　中央に4本の柱が等間隔で立ち、5.3mもの高さの阿弥陀如来をはじめ三尊像が安置されている。念仏行者がこの周りを念仏を唱えながら行をする三昧堂だが、床は板敷き、西側壁は蔀戸で全面開放することができ、柱、梁、天井の垂木等は朱に塗られている(虹梁に彫られた釈杖の部分の白色と天井の化粧野地板の白色がこの朱を一層際

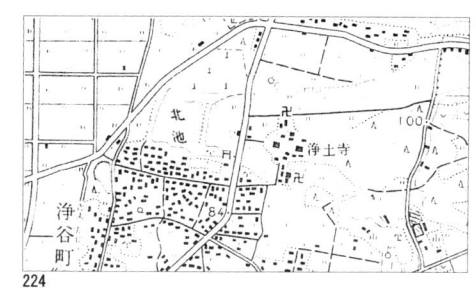

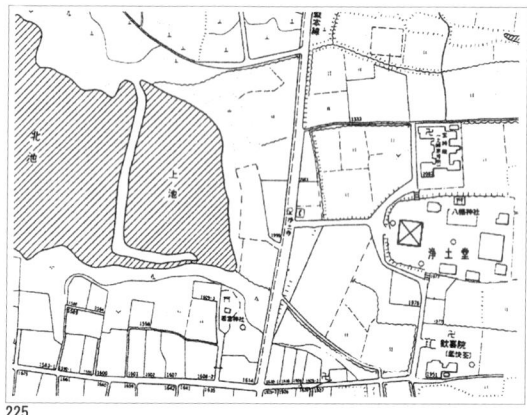

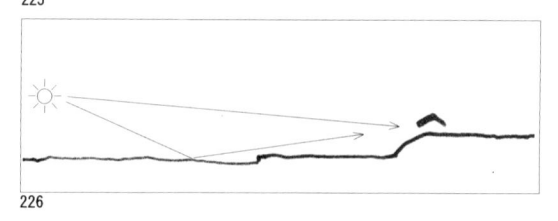

224 重源が景勝の地として、綿密な調査の後、選びとった地。浄土寺は西の方角を望む高台にあり、平野には溜池や水田が広がる。今日、周辺ではやや宅地化が進んでいる。225、226 浄土堂は高台の西の際に立地させた。夕陽を遮るものは無い。夕陽は浄土堂に直接、また溜池に反射して差し込む。227 北西の方角から浄土堂を見る。この写真では夕陽が浄土堂内に差し込むのを樹々が遮るようにも見えるが実際にはそうではない。228、229 夕陽が差し込んでくると、金色の阿弥陀三尊像は充満する朱の光の中で輝き始める。230 浄土堂の西側の蔀戸。これを開け放つと夕陽が差し込んでくる。浄土堂ではこの西側にのみ、こうした開口が設けられている。231、232 平面図と断面図。左が西の方向。

1 場を選びとる

立たせる)。

　天気の良い晴れた日、夕方になって陽が傾き始めると太陽の光は開け放たれた開口を通して堂内に差し込んでくる。床に反射した光は白い壁や野地板に反射し、柱や梁、扉や天井の垂木の朱色を増幅させ、朱の光となって空間に満つ。西に背を向けて立つ金色の阿弥陀三尊像は逆光ではじめは黒い輪郭でしかなかったが、充満する朱の光の中で輝き始める。西方浄土の再現である。「迎講」といって、阿弥陀如来が沢山の菩薩を率いて浄土より現世へ来迎するあり様を外部で実際に演じる儀式が今日まで行われているというが、これを浄土堂の内部空間において実現させるのが、重源の構想であったに違いない。

　寺にふさわしい景観の地で、また西に沈む夕陽が堂内に差し込むに障害物が無い地、つまり高木などが植生していない西の方角を臨む高台でなければならない。重源は自筆の「重源譲状」において〈この庄内の東北に(鹿野原という)なかなかの(景)勝地あり〉と記して、選地にあたって綿密に調べたことが窺える。またこれは重源自筆のものでないから確かではないが「浄土寺縁起」中に、〈重源自ら庄内を巡って・・・東北に地形の良い所あり・・・西を見れば池がゆったりと広がっている、夜になると月が黄金の盤に浮かぶようだ・・・多くの素晴らしい点を備えていて非常に美しいと讃えるに充分だ〉とある。この辺りは瀬戸内気候で温暖だが雨量は少ないのであろう、溜池が点在する。浄土堂が立つ丘の下に今日でも池がある。夕陽はこの池に反射して丘の上の浄土堂の中に差し込むという。

　阿弥陀信仰に厚かった重源の西方浄土の世界をここに再現する構想力とそれを実現させるに欠かせない場を選ぶ眼識と用意周到さには驚くほかない。堂が完成したのは建久3年(1192年)、重源71歳の時である。

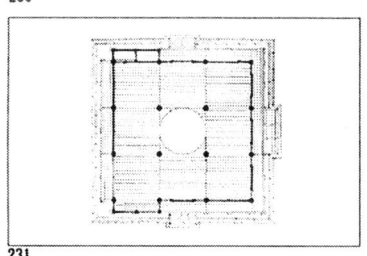

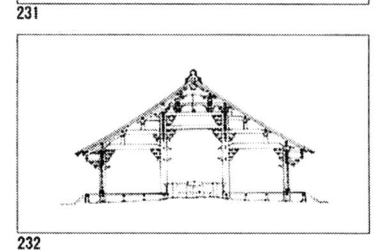

228

229

230

231

232

61

第Ⅱ章　場と空間構成

1.4　都市の入り口を象徴する神殿——ナバテア王国の都ペトラ(Petra)、ヨルダン

　アラビアの砂漠の民、ナバテア人の王国の都で、紀元前2世紀頃より紀元4世紀頃まで東方貿易の隊商都市として栄えた。周囲を美しい色彩と文様を描く高く切り立った岩(砂岩)の断崖に囲まれた盆地状の地に形成され、その岩壁を切り取るように刻まれた神殿群や墳墓群がその堂々たるファサードを競うように並び立ち、都市を荘厳している。

　この都市へのアプローチは唯一、断崖に挟まれた「シーク」といわれる峡谷の道しかない。両側は高さ100m以上もある断崖絶壁で、幅は5～10mほどに過ぎず、日中、陽が射すことがないような薄暗い場所もある。岩肌はこげ茶を基調に赤みを帯びた横縞が層をなしており、美しい。岩壁に様々な彫像や小さな祭壇が彫られたりしており、神殿に参詣する人々を導く参道の趣き

1 場を選びとる

を有する。これが2kmほど続く。

　このシークが2〜3mと最も道幅が狭まった場所において、神殿が岩壁のスリットの間に垣間見える。期待感に促がされ歩を進めると、視界が一気に拓け、深緋色の岩壁に掘られた神殿が眼前に現れる(A点)。香気と品格を漂わせる神殿が立つ息をのむような劇的な小広場の景観が拓ける。この神殿は従来、王の墓所あるいは宝物庫などといわれてきたが、都市を守護する神を祀る神殿に違いない。

　長いシークの道のりを進み、こんな岩山の奥にペトラの都市が果たしてあるのだろうかと一瞬、不安がよぎるその地点の淀みのような小広場を選定したこと、そして都市を訪れる者の正面方向にファサードが向くように巨大な岩山を刳りぬいて、都市に迎え入れる神殿を計画したことなど、緻密な思考だ。この神殿に迎え入れられて、道をもう少し歩むと周囲を岩壁に囲まれ庇護された都市が拓ける。

　またその場合、神殿の見せ方がいい。シークの岩壁のスリットから垣間見える神殿は真正面部分ではなく、中心軸をやや右にずれた部分のみである。つまり神殿の全体像は把握し得ない。が、列柱と上部のトロス(円形建築)のわずかな部分が見え、もう少しのところで全体像が把握しえる。それを把握しようと期待感に促がされて歩を進める。視界が一気に拓け、左斜め前方にある神殿の全体像に視線が向く。息をのむ瞬間である。この場合、神殿は斜め前方にあることから、視線は見回し風になる。青空のもと、100mもの高さの巨大な美しい色彩を見せる断崖絶壁という自然景観と美しい神殿とが交響する。

　峡谷のスリットから見る神殿が中心軸の真正面であれば、その全体像は容易に予測され、期待感は薄れる。それに神殿のみに

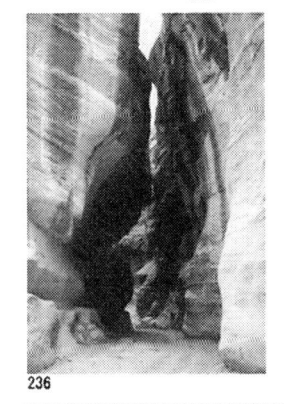

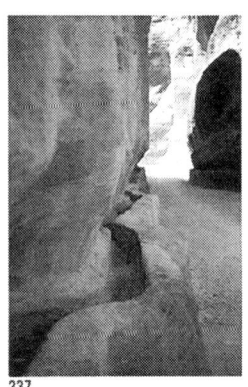

235

236　237

238

233 険しい峡谷の道・シークを行くと、岩壁のスリットの間から神殿が現れる。234 岩山群に囲まれたペトラの都市。A:峡谷の道・シーク、B:アルハズネの神殿、C:祭祀の場、祭壇、D:野外円形劇場、E,F,G,H:岩壁に彫られた神殿群、J:2世紀ローマ時代の列柱街路デクマヌス。K:神域への門、L:クアスルの神殿、M:今日の博物館、N:祭祀の場、祭壇、O:アディルの神殿(図の外の1km程北西に行ったところ)。235 奇岩が林立する。その向こうにペトラの都市がある。236、237 険しい峡谷の道・シーク。昼間でも暗いところがある。238 神域の門から列柱街路デクマヌスを見る。正面に岩壁に彫られた神殿群が見られる。それらは墳墓とする説が有力だが、事実、多くはそうだが、ローマの属州編入後、この列柱街路が完成した後は、列柱街路の正面右側のものは既に存在し、左側のものはローマ時代の、ペトラの都市を荘厳するための神殿群だと考えたい。

63

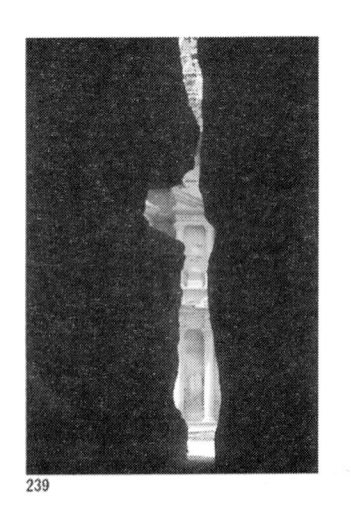

第Ⅱ章　場と空間構成

視線が集中してしまい、岩壁との関連、すなわち雄渾なる自然景観との関連における見方が曖昧になってしまう。

　この神殿の建築は高さが同一の下層と上層部分からなる2層の構成である。形態自体はそれぞれ完結し、プロポーションも良いが、明確に異なる異種なるものが共存するといえ、全体として破調ともいえるプロポーションの中にも、奇妙なバランスがあり、異種なるものが競い合うためか華麗さが前面に出、にも拘らず香気と品格を漂わせる不思議な魅力を持つファサードとなっている。

　この建築は様式的にはヘレニズム後期からローマ初期のもので、近世17〜18世紀のバロック建築様式を先取りしたものである。ヘレニズムの建築はエジプトや中近東の都市においてその土地の土着の、そして東方の文化と混淆しつつ、古典ギリシャの建築を脱却したものだ。アレキサンダー大王が活躍した時代の以後の時代の文化をヘレニズム文化というが、大王に似てより自由な進取の精神が時代精神であったのだろう。それまでの古典時代の調和の建築には考えられないような自由な、破調を恐れない構成が試みられた。そこにはヘレニズム

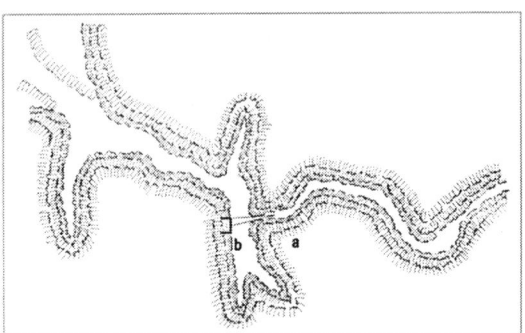

64

1 場を選びとる

　文化の世界性が投影している。ときにはこの神殿のように異種なるものが共存し、そしてファサードは時には湾曲し、波打ち、躍動する。

　この神殿の建築の質の高さ、そして今まで見てきた綿密な計画は、優れた建築家の手になるものに相違ないが、どの時代に建設されたものか未だに特定されてない。ナバテア王国時代（とりわけ紀元前1世紀前半）とする説、あるいはローマ帝国の属州アラビア編入（紀元106年）後の2世紀前半、あるいはその後半とする説がある。

　この建築に見られるバロック的趣向（「アラビア・バロック」などという人もいる）はしばしば引き合いに出されるシリアのバールベックの神殿が紀元2世紀のものであることから、この時代になってようやくローマ建築に現象し始めたであろうとする説が従来有力であったが、実はそうではなく、アレキサンドリアや東方の世界では既にヘレニズム後期に流行しており、ポンペイの壁画や初期ローマの野外円形劇場の書割り建築などが示すように、西方の社会においても広くゆきわたっていた。これもこの建築の建設年代の特定を困難なものとしている。

239、240、241、242 峡谷の岩壁の間からの、神殿の見え方。神殿が立つ場の選定とその位置設定が良い。243 1839年、スコットランドの画家D. ロバーツがペトラを訪れ、神殿を描いたスケッチ。1階部分の柱の1本が崩れ落ち、他の柱にも損傷が見られる。大雨によって激流が走り、被害を与えたと思われる。244、245 神殿の列柱をくぐると左右と奥に直方体の空間がある。岩肌の微妙に変化する色彩、横縞の文様の美しさには目を見はる。246、247 ペトラの都市の西北のはずれにアディルの神殿がある。波打つように湾曲する力動的なファサード。248 上部が段状の妻壁を見せ、シリア・メソポタミア・エジプト等の様式が折衷したファサードを持つ初期の墳墓であろう。249 後世の発掘・研究者が名付けた「（俗称）骨壺の墓」。列柱廊によって前庭の両側を囲まれた堂々たるもので、下部構造からみてローマ時代のものに相違なく、列柱街路正面に見えることから、都市を荘厳する神殿であろう。250 都市入り口に立つ神殿と同様なファサードを見せる。「（俗称）コリント様式の柱のある神殿（墓）」。251「（俗称）絹の神殿（墓）」。今日では風化が激しく形態が定かではないが、「絹のような」岩肌が美しい。

65

第Ⅱ章　場と空間構成

1.5　海に浮かぶ神殿——安芸の厳島神社

　広島にほど近い瀬戸内の聖なる島、厳島を背に入海に浮かぶ神社の景観は、潮の香り、香りを運び肌を心地良く通り過ぎる海風、白砂の浜に繁る松林を騒がす風の音、船べりや岸を打つ波の音、ひたひたと神殿の床板面に迫る水の音、千重波という幾重にも重なり動く波紋、輝く波の光、ゆらぐ水面に映る青い空と飛ぶ雲———こうした自然のエレメントと神殿も参詣者も一体となる。視覚だけではない、五感で捉える景観だ。

　また海潮の干満によってこの景観は時々刻々大きく変容する。大潮の干潮時などには、満々と湛えていた潮が嘘のようにどこかへと消え去り、砂地が露出し、蟹の姿があちこちに姿を見せる。それまで海に浮き、漂うかのようだった神殿は海底に突き刺さるように立っている。おそらくこの建築ほど時間という次元が導入されたものは無いであろう。

　今日目にする厳島神社は鎌倉前期より桃山後期にかけて建てられたもので、平清盛が権力の座に昇りつめた頃（12世紀後半）、清盛の意向を受けて拡張・整備された神社の姿がほぼそのまま踏襲されたものだ。清盛が安芸の守に任ぜられた頃（1151年）、未だ小規模であったこの神社を訪れ、聖なる島の前の海上に浮かぶという稀有な神社の状況に魅せられた。そしてそこに藤原氏の春日社に劣らない平家一族の守護神を祀る神社として社殿建立の可能性を見て取ったことが拡張・整備を促がした最大の契機となった。清盛の眼識と構想力が大きな役割を果たしたといってよい。清盛はその後、後白河上皇や高倉天皇の行幸をはじめ京の都の貴族達を盛んに厳島神社参詣に誘っている。そしてそれとともに神格は上っていった。

　ではなぜ海上に神殿が立っていたのか。

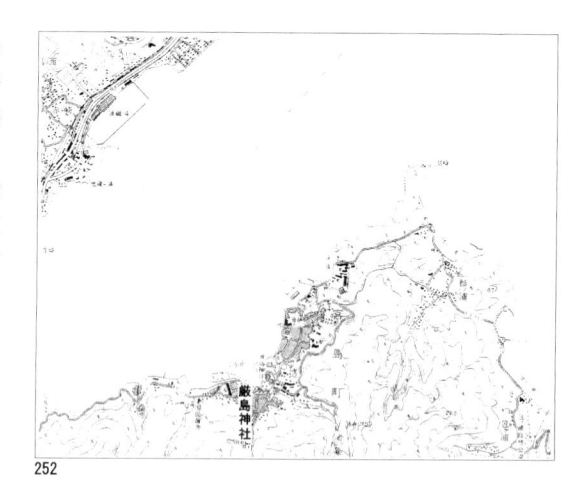

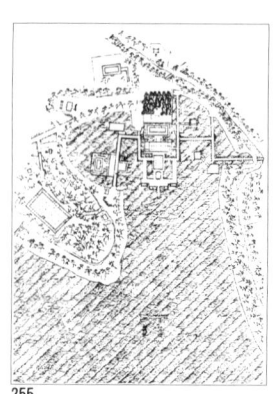

252

253

254

255

256

66

1 場を選びとる

　厳島は瀬戸内の豊かさを象徴するような照葉樹林の深い森に覆われた島だが、その中にあって厳しい岩肌のある山容を見せる弥山に神が降臨すると太古の昔の人々は崇拝した。やがて山を擁する島全体を聖なる島として崇めるようになった。この聖なる島を遥拝する拝殿として建立されたのがそもそもの端緒であったのであろう。神官のほかは何人も足を踏み入れることが許されない禁足地である島を穢すまいと神殿となってからも、そのまま島の陸ではなく、入浜の海中に建立し続けた。神殿の成立年代については未だよく分かっていなく、9世紀初頭には小規模な神殿が海上に立っていたという。
　海上に神殿が建立されたということへの背景にそうした点が指摘されるが、清盛の場を読み選択した眼識、そして構想力なくしては今日の厳島神社は考えられない。その後、神社の建築は海との関わりを積極的に求めていった。聖なる島と神社の門である大鳥居の位置、海に向かって延び、広がる客人神社や回廊はそれを示す。全体として1つの明快な軸線を有し、左右対称の構成を示すのだが、これに対してもう1つの海に向かって自由に延び、広がるエレメントがある。この2つの要素の拮抗が海に浮かぶ厳島神社の景観に大きな役割を果たしている。

252 厳島を背に入海に浮かぶ厳島神社。聖なる島、聖なる山弥山を遥拝する拝殿である外宮、地御前神社は地図の外、弥山の真北の対岸にある。海岸線は近世以来の埋め立てによってやや変わった。253 玄海灘に浮かぶ沖の島に似て、厳しい岩肌を見せる山容の厳島。254、255 厳島神社鳥瞰と配置図。大鳥居は入海の外に位置し、神社全体が積極的に海に向かっている。256 厳島図会に描かれた厳島神社。257、258 回廊より大鳥居方向を見る。潮の干満時によって景観が大きく変わる。259 神社への門としての大鳥居から神社を見る。緑深い弥山。逆光である。260、261 全体は左右対称の構成だが、細部において崩れる。迷宮のような回廊。

2　景観を取り込む

2.1　神々が棲む山の景観を取り込む——アテネのアクロポリス、ギリシャ

　アテネの町はヒュメトス山、パルテノン神殿の白い大理石を採石してきたペンテリコン山、それにアイガレオス山等が連なるパルネス山脈によって三方を囲まれ、南・南西の方角は海へと拓けている。それらの山は樹木が植生していないため、稜線の輪郭がはっきりとし、おおらかな曲線を描く雄大な山容を見せている。聖なる気配を感じさせる。古代のギリシャ人はこれらの山々に神々が棲むと信じ、神々の祭神像や祭壇を安置して祀った。

　これら聖なる山々に庇護されるように囲まれたアッティカの平地に屹立するアクロポリスの丘にも神々が棲むと信じ、太古の昔より神殿を建立し、祀ったという。今日見るアクロポリスの神域の遺構は、紀元前5世紀、大きな軍事的力を有し、民主制をしいた政治が安定し、経済的、文化的にも繁栄した都市国家アテナが、それらのものを再建・整備したものだ。

　アクロポリスの丘を上る。パルテノン神殿は見え隠れする。切り立った険しい崖から天空に飛び立つかのような軽快、優雅なニケの神殿を見上げつつ、斜路を上る。当初は直通階段であったものを、4年ごとに催されるパンアテナイア祭の祭列のために斜路にしたものだ。目の前に立つプロピュライアはアクロポリスの神域への白い大理石への柱が林立する壮大な門だ。これを進んで神域内に足を踏み入れる前に後ろを振り返ると、白い柱と柱の間に西方のピレウス港越しに広がる海が——夕方には海に沈む陽を映じて光る海が遠望される。海戦によって長年の宿敵であったペルシャ軍を最終的に駆逐したサラミス島沖の海が臨まれることは、プロピュライアに大きな意味を与える。アテネの栄光がここから始まった

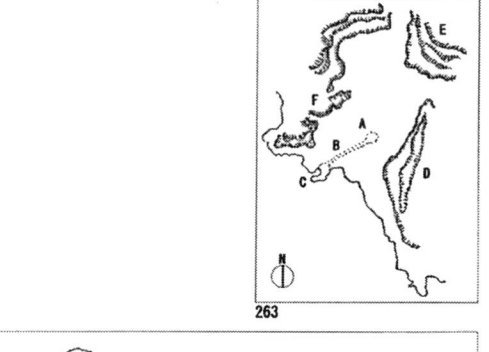

262　西の丘、かつて民会が開かれたプニックスの丘からアクロポリスを遠望する。263　アテナイの周囲の聖なる山々。A：アテナイとアクロポリス、B：当時、ピレウス港へと続いていた城壁。C：ピレウス、D：ヒュメトス山、E：ペンテリコン山、F：パルネス山脈。264A：南北断面。B：東西断面。アクロポリスの丘は古い神殿の瓦礫などを利用して整地した。その場合、パルテノン神殿が立つ場は意図的に高くした。265、266　大理石の柱が林立する壮大な神域への門、プロピュライア。当時は屋根がかかっていた。柱と柱の間、夕陽が沈む方向にサラミス島沖の海が見える。

その海戦を人々の記憶の中に永遠に留めるからだ。

　再建前のプロピュライアは北東－南西軸に向いていたが、ムネシクレスの設計といわれる今日見るそれは、そのためほぼ東－西軸に改めたのではないか。思考を重ねて軸線を変更したに違いない。

　この神域への門であるプロピュライアの中央部を仕切る門扉をくぐると、白い大理石の列柱の間に息をのむような神域の景観が拓ける。緩やかな傾斜地で、右手方向にパルテノン神殿の西側と北側ファサードの白い列柱が見える。そして50m程の間隔をおいて左手にエレクティオンが見える。そのエレクティオンの南部分には4人の優美な少女たちカリュアチデス像がパルテノン神殿に向かって立っている。エレクティオンとパルテノン神殿の間のいわば空き地となっている空間を抜けるような青空が満たす。カリュアチデス像はテラスを支える柱状となって透けており、パルテノン神殿も透けた列柱によって周りを囲まれているから、この透けたところに青空が入り込み、形態の輪郭が一層明快になり、この間の空間を引き締めるためか、ある種の緊張感が漂う。当時はこの空間の手前ほぼ中央に7mもの高さの巨大なアテナ・プロマコス像が青空に突き抜けるように立っていたというが、この三者によって構成された空間もまた絶妙だと想像される。

　エレクティオンとパルテノン神殿（それまで立っていた神殿とほぼ同位置に、やや規模を大きくして再建された）の間にはいわゆるアテナ古神殿が立っていたが、神域の再建・整備の際にこれを上述の意図に基づいて撤去し、空地としたが、実はそれ以上の意図があった。

　プロピュライアから見たエレクティオンとパルテノン神殿の間の空間は青空が満た

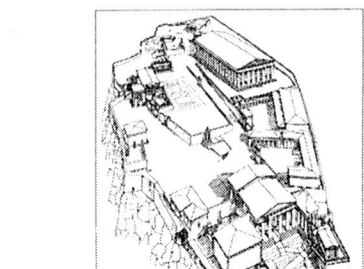

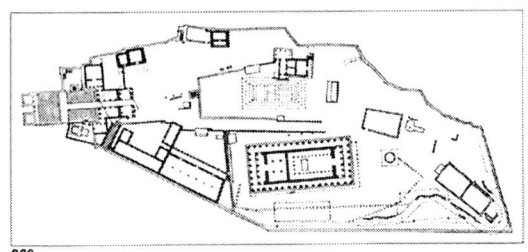

267

268

269

270

267 アテネ市街、シンタグマ（憲法）広場付近からのアクロポリスの遠望。朝日を浴びてパルテノン神殿の正面ファサードが輝く。268 アクロポリス復元図。269 配置図。エレクティオンとパルテノン神殿の間に、以前立っていたアテナ古神殿の位置が点線で示されている。270 プロピュライアから神域に足を踏み入れる地点から見る。手前に巨大なアテナ・プロマコス像、右手にパルテノン神殿が一面のみのファサードではなく全体像が捉えられる。左手はエレクティオン。

第Ⅱ章　場と空間構成

している。だが緩やかな斜面に向かって歩を進めていくと、それまで見えなかった雄大なヒュメトス山が神殿と神殿の間の空間中に現前し始め、青空の中でダイナミックに展開していく。背景に広がる神々が棲むと崇める山々を神域全体の空間構成にとり込んだ景観だ。それは単に背景の山々を拝借した「借景」とは違う。より積極的に景観の構図中に取り込んだものだ。

　この場合、周囲の他の山ではなく、ヒュメトス山を取り込んだのは、祭壇があり、正面ファサードであるパルテノン神殿の東の方向、朝日が昇る山であるからだ。4年に一度、6月末日に催されるアテネ市民にとって最大の祭事であるパンアテナイア大祭の日、早朝のまだ暗いうちに聖なるアクロポリスを目指して祭列が出発する。神域への門をくぐり抜け、さらに「聖なる道」をパルテノン神殿を斜めに見ながら、ほぼ正確に東の方角に向かって進む祭列の行く手を遮るものはない。未だほの暗い空から前方にヒュメトス山が現れ、次第に眼前に広がる。この山々から昇り始める朝日に向かって進む。朝日を浴びて輝く神殿の正面ファサードを仰ぎ見つつ、祭壇前に到着し、アテナ女神に聖衣と生贄を捧げるのである。周囲を神々の棲む山々に囲まれ、神々しいばかりの光景だ。これがヒュメトス山を取り込んだ意図だ。

　アクロポリスの丘は破壊された古い神殿などの瓦礫を利用して拡張・整地したが、この斜面の効果は初めから意図したものに違いない。神域内の建築群はプロピュライアから見て、緩やかな斜面の上方に立ち、透明な青空に向かって上昇感が溢れている。パルテノン神殿は基壇の上に立っていることから、この感覚はさらに高められる。神を祀る神殿に相応しい崇高さはここからも由来する。

271

272

273

274

271、272 プロピュライアから神域内に「聖なる道」を歩むと、パルテノン神殿とエレクティオンの間の空き地の空間に、それまで見えなかった雄大なヒュメトス山の景観が現前し始める。山の端から朝日が昇る。273、274 パルテノン神殿から見下ろすようにプロピュライア、エレクティオン方向を見る。パルテノン神殿を仰ぎ見るように、瓦礫などを利用して、斜面に整地した。

アクロポリスの神域の空間構成については、建物群は直交座標軸上にないことからか、一見すると何の意図もなく乱雑な印象を受けることから、〈(古代ギリシャ人は)建築一つひとつには完璧性を求めるのに対し、建築相互の関係性については何一つ考慮しなかった〉といった大方の見方があった。だが無論そうではあるまい。神域への門であるプロピュライアのある特定の地点から見て、例えばパルテノン神殿を見てもわかるように、主要な建物は他の建物と重なることなく、全体像が見えるように配置したし(C. ドクシアディス)、自然の景観を神域全体の空間構成に取り込んだ(C. ドクシアディス、V. スカリー)。というより、崇高な山々に神々の存在を感じた古代ギリシャ人は神域においても、市民の広場であるアゴラの形成においても、そうした自然の景観を拠りどころとした。神々の近くに行きたいという人々の強い希求がそこにあった。そして空間に神聖な次元が加わった。

　アクロポリスの神域の空間構成は軸線、左右対称性等による静的秩序ではなく、歩むことを前提としたある種の動的な均衡感覚に基づく。それは製図机上のみで観念したものではなく、人がアクロポリスの場に立ち、読み、すなわち山の姿と位置、方向等を具体的に読み、現場で多くを思考した(アリストテレスやプラトンなど古代ギリシャの哲学者たちは室内ではなく戸外で思索したという)ものだ。

275 ローマ皇帝ハドリアヌスが2世紀初めアテネ市街を拡張した時、建立させたハドリアヌスの門越しにアクロポリスを見る。276 ドクシアディスによるアクロポリスの建物群の配置計画の分析。277 オリュンピアの神域の空間構成において、背後の山の景観を取り入れ、ゼウスの神殿とのバランスをとった(ドクシアディス)。278、279 南イタリアのパエストゥーム(古代ギリシャ時代の都市名ポセイドニア)において、都市図に見るように、2つの神殿のみが都市のグリッドプランと軸線にずれが生じている。これは2つの神殿の計画において山の景観を積極的に取り入れたためだ(スカリー)。

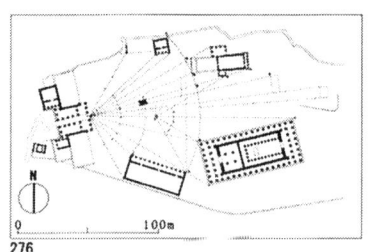

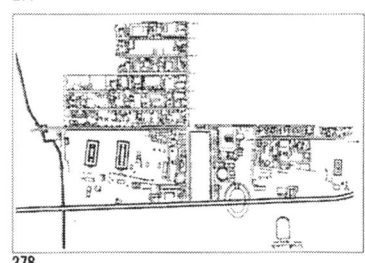

2 景観を取り込む

71

2.2 自然景観中に飛翔し、浮遊する大広間
──バロックのアルタン伯城館、ヴラノフ(Vranov)、チェコ

　オーストリアとの国境に近い、チェコ南部の深い森に覆われた丘陵地帯にタヤ渓谷がある。タヤ川が大きく蛇行し、半島状の地が形成され、川面から40～50m程垂直に切り立った岩山の頂部に旧アルタン伯城館が立つ。14世紀のゴティクの要塞としての城に遡るが、17世紀末ウィーンのハプスブルク朝の重臣の1人アルタン伯が買い取り、ウィーン・バロックの建築家フィッシャー・フォン・エアラッハに設計を依頼して、拡張・整備した。その主たる部分は岩山の先端部分に立つ大広間(祖先の像を祀り、その栄光を演出する。実際の使われ方は、客を迎え宴を張る間)だ。

　城館建築は周囲の自然の景観に君臨しつつも、これと有機的に一体化している。さざ波をたたえて流れる清流、せせらぎの音、川面に反射した揺らぐ光が岩壁をそして城館の大広間を映し出す。深い森に包まれつつ川から絶壁上に岩が切り立っているが、柔らかく包むような森と硬質の岩との対比が良い。そして岩壁のところどころに樹木が繁茂しているさまは風情がある。城館の他の建物に抜きんでて高く、その岩山の上に大広間の建物が周囲の景観を支配するように屹立する。

　フィッシャーは既存の「コ」の字型をした城館の奥の、川から垂直に切り立った岩山の先端部分の敷地に楕円形の、それも他の建物の高さを抜きんでた高さの建築によって、周囲の景観と敷地の持つ固有性に対応した。楕円の持つ方向性を有する空間の固有性と建物の垂直性を強調することによって、水平X軸、垂直Y軸方向の力が合成されてモーメントが生じ、大広間の建築が天空に飛翔し、浮遊する感覚を見る者に抱かせる。

　またこの大広間中に一歩足を踏み入れた際の、この内部空間中に取り込まれた外部

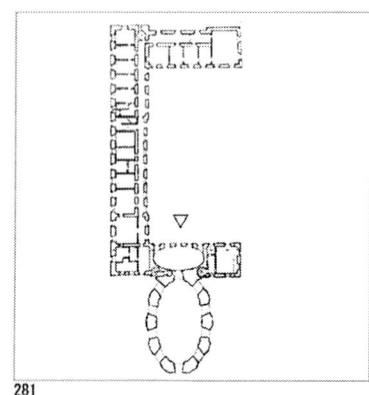

2　景観を取り込む

の景観の展開する様には息をのむようだ。
　フィッシャーは広場から入った正面玄関ホールから岩山先端部分に軸線を設定し、玄関ホールと大広間の2つの空間の平面形をいずれも楕円（玄関ホールは軸線に対し長軸が直交する横使い、大広間は長軸と軸線とが一致する縦使い）としている。
　正面入り口から扉を開けて入った客たちを暖かく包み込むかのように楕円の玄関ホールは迎え入れる。客たちは一時滞り、会話に花を咲かせる。性急に大広間に足を運ばない。楕円の横使いの効果とはこのようなものだ。そして一時滞った客は案内されて大広間に足を踏み入れる。今度は扉を開けた縦方向に動きがある空間で、フレスコ画が描かれたドーム天井に目が誘われる。描かれた天使たちとともに天国に昇るような上昇感を感ずる。視線を天井から下ろすと、四方の壁の間の開口から遥かかなたの丘陵の景観がパノラマのように広がっていることに気付く。だが客たちの足は長軸方向の岩山の先端の方向に歩を進めることを空間に促がされる。正面の景観が、夕方であれば夕日を浴びて赤く染まった空と森と畑と蛇行しつつ流れる川の景観が遠近法的に展開していく。この大広間の空間が景観中に貫入し、一体化していく。浮遊する感覚を覚える。
　フィッシャーの周囲の景観と敷地の持つ固有性の読みは深い。バロックの建築家たちにはそうした場を読んだうえでの空間的構想力に秀でていた者が多かった。

280 タヤ川畔から城館の大広間を見上げる。川面から垂直に切り立った岩山に屹立する。281、282 フィッシャーによる城館部分。岩山先端部分に軸線を設定し、2つの楕円空間が連続する。玄関ホールは軸線に対し横使い、大広間は縦使い。283、284 城館全貌。手前はフィッシャーによる教会。285、286、287 大広間。アルタン伯の先祖像が壁のニッチに飾られている。扉を開け、楕円の空間に促がされるように歩を進めると、四周の開口から丘陵の景観がパノラマのように広がる。288 楕円の入り口玄関ホール。

73

2.3 雄渾なドナウの景観を取り込む——メルクの僧院、メルク(Melk)、オーストリア

　オーストリアの北部、ウィーンより西に80kmほど行ったところのドナウ川を見下ろす丘の上にメルクの僧院は立つ。11世紀末、当時ドナウ流域一帯を治めていたバーベンベルク家の庇護のもと、その要塞にベネディクト派教会・僧院が創設されたのが始まりとされるが、中世以降、既に大規模な僧院に発展した。

　17世紀末の火災を期に、大幅な新・改築が行われ(1702～1746年)、この時期はバロック期にあたり、これが今日見るJ・プランタウアー設計によるバロックの僧院建築である。各地に荘園を経営する僧院はこの頃、富と権力を誇る絶頂期にあって、皇帝を迎え入れる大理石の間や、これが主要階である2階にあることからそこに導く壮麗な階段の空間、また17世紀まで写本あるいは出版された1万冊を超える稀古本の蔵書を誇る図書館の空間それにダイナミックな空間である教会等などあり、全体として壮大な僧院建築でオーストリア・バロックを代表する建築の1つである。

289

290

2 景観を取り込む

　この僧院が創設された11世紀末〜12世紀頃よりヨーロッパでは流通経済が発達し、このドナウ川も利用した。12世紀のゲルマンの英雄叙事詩「ニーベルンゲンの歌」に描かれているように、それ以前の時代からドナウ川を利用した交易は盛んであったが、更に交易も活発化し、ウィーンにはケルンやレーゲンスブルクなどの諸都市からの商人たちの商館が立ち、都市として発展し始めた。川上りをする船を人馬によって曳航するために、ドナウをはじめ各河川両岸に道路が建設されたのもこの時期である。

　こうした物資の運搬船の航行が頻繁なドナウ川を見下ろす丘の上に立つ僧院の新・改築にあたって、プランタウアーは2つの中庭と教会それに教会前庭を貫く明快な軸を設定した。この軸線の延長上にドナウの流れがある。

　教会の扉を開けると、前庭そしてそれを取り囲む回廊に穿たれた列柱廊の開口を通して、眼前にドナウ川の景観が拓ける。ドナウの上流の方向を眺めるわけだから、「不尽長江滾滾来（登高）」という唐の詩人杜甫の詩の一節を思い出させるような、尽きることのないドナウの水が湧きかえるように流れてくる雄大な景観である。深い緑に覆われた丘陵地帯と蛇行しながら「湧きかえるように流れて来る」ドナウの景観を取り込む教会の扉口———ヴェニスのイル・レーデントーレの教会の扉を開けると大運河の向こうにサンマルコ広場をはじめとするヴェニスの都市景観が広がっているのを思い起こす———であるが、前庭を囲む回廊に穿たれた列柱廊のドナウに向かって段状に形成されたテラスが効果的だ。ドナウの流れをより遠近法的に取り込むからだ。

　またドナウ川を運行する船からこの僧院を見上げることを前提として構想したこと

第II章 場と空間構成

は無論である。ドナウの流れから視線を上に向けると岩山の上に壮大な僧院が屹立し、その上に教会の双塔とドームが聳え立つ。そして列柱廊状の開口を通して教会の扉が垣間見れる。世俗的な富と権力を誇示する一方、神の家への扉を叩けと船人に暗示する。

289 ドナウ川に浮かぶ船から丘の上の僧院を見上げる。290 J.プランタウアーの設計によって新たに建てられた僧院。正面入り口－主要棟－教会－ドナウの景観を取り込むテラス、と軸線が通る。291、292、293、294 教会の扉を開けると前庭、そしてそれを取り囲む回廊に穿たれた列柱廊の開口を通して、はるかドナウの景観が拓ける。295 その列柱廊のドナウに向かって段状に形成されたテラス。296 僧院の鳥瞰。丘の下には門前町が広がる。297 中庭を見る。軸線上にある建物正面入り口と教会のドームが重なる。298、301 皇帝を迎える上階の大理石の間へと導く壮麗な階段の空間。299、300 力動的な教会の空間。302 1万冊を超える稀古本の蔵書を誇るバロックの図書館。

2.4 背後に自然の景観が広がる——京都、清水の舞台

　京都、東山の清水寺は観音様を祀る寺だ。観世音菩薩は岩の上に現前するといわれ、岩山の上、あるいは岩の洞穴に祀り（正堂）これを拝礼した礼堂は岩の崖上に造られた。岩の崖に懸けられた礼堂を支える束柱は貫によって固められながら崖下から林立し、力強い構造美を見せる。これを崖懸造りといい、観音様を祀る寺はそのような形式が多い。清水寺もこれだ。下から仰ぎ見ると正堂（A）と礼堂を覆う総檜皮葺きの大屋根は優雅な曲線を描くのに対し、礼堂を支える太い柱群は力強く、見事な対称をなす。

　礼堂（B）の後ろにテラスが続く。これを「舞台」と呼ぶのは礼堂を含めてここで観音様に奉納する舞が舞われ、舞殿としても機能するからだ。舞は正堂の観音様に向かって舞われる。その背後には美しい自然の景観が大きく広がる。

　このテラス状の「舞台」（C）は一方では正堂に向かい、また一方では背後の山の景観に向かって拓かれているが、その床を注意して見ると、礼堂の床と一度縁を切るように一段下がり、そして緩やかに傾斜している。これが水平であるなら、正堂から舞台に向かって見るとき、立った人の視野に入る床の占める面積の割合は大きい。眼前に床が大きく広がるようだ。これに対して外部に向かって傾斜すると、床の占める面積は余程小さくなる。だから目に飛び込む背景としての自然の景観は大きくなる。これは視覚的・心理的効果が作用するのか、図面上、数値上よりも飛躍的に大きくなる。

　舞台は木造であり、その勾配は耐久性保持のための排水処理が第一の目的であるのだが、こうした視覚的効果も意図したのか・・・。舞が奉納されない普段の日でも、観音様に御参りを終えた人たちが後ろを振り返ると、舞台越しに美しい東山と京の町の景観が広がる。

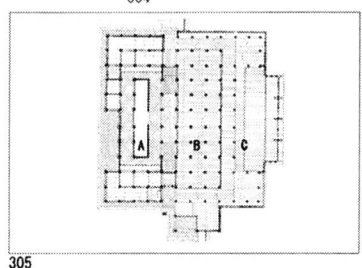

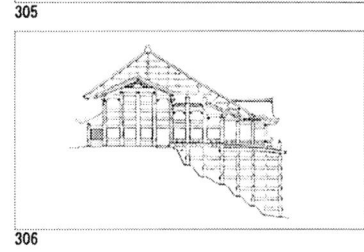

303 礼堂前に広がる舞台。床が傾斜していることから背後の景観は視野に大きく飛び込んでくる。304 清水の舞台の全景。懸け造りの建築。優雅な曲線を描く屋根と力強く林立する束柱。305、306 平面図、断面図。A：正堂、B：礼堂、C：舞台。正堂と礼堂を覆う屋根は一体となっている。舞台は大きく傾斜していることがわかる。

2.5 階段を降りると庭園が遠近法的に展開する
——ベルヴェデーレ宮、ウィーン(Wien)、オーストリア

　ウィーン郊外に建つオイゲン公のバロックの宮殿である。1529年と1683年と2回にわたってオスマントルコ軍ははるばるウィーンにまで攻め寄せ、包囲したが、ウィーンはその度ごとに窮地を逃れ得た。2回目のウィーン包囲の後、これを追い返し、バルカン半島にトルコ軍を追討して一躍、英雄となり、宮廷内で大きな力を得たのがフランス出身の軍人オイゲン公である。トルコ軍来襲の脅威が去り、平和が訪れ、都市壁の外にも建物を安心して建設することができた。ウィーン宮廷の貴族たちは、フランスの貴族達の間で流行った別荘——夏の離宮建築熱に刺激され、競うように自分たちも建設した。郊外とは都市壁と広大な濠部分(グラーシス)の外部の地域を意味したが、近代以降都市拡大が著しいウィーンにおいて、このベルヴェデーレ宮のように今日では都心といってもいい地に立地するものも多い。

　敷地は長さ800m、幅110mほどで、南北方向に広がる矩形をしており、高低差18m程度の緩やかな勾配を示すが、池のあるアプローチ広場を除けば、敷地のほぼ両端に1つは丘の上に上宮(1724年)、そしてもう1つは丘の下に下宮(1716年)と、2つの宮殿がその中間の庭を挟んで対峙するように立っている。下宮から見ると南の丘の上に庭園越しに上宮が青空に見事なシルエットを見せながら立ちはだかっている。それが南にあることから、逆光の中、淡い光の霞の中に浮遊しているかに見える。フィッシャーと競ったウィーン・バロックの建築家J・ルーカス・フォン・ヒルデブラントは、この計画の意図は単に建築物の設計だけではなく、傾斜地である自然の景観中に建物を融合させることだと述べているが、敷地が有する特性を巧みに生かしている。

　上宮から庭園とその背後に立つ下宮へと

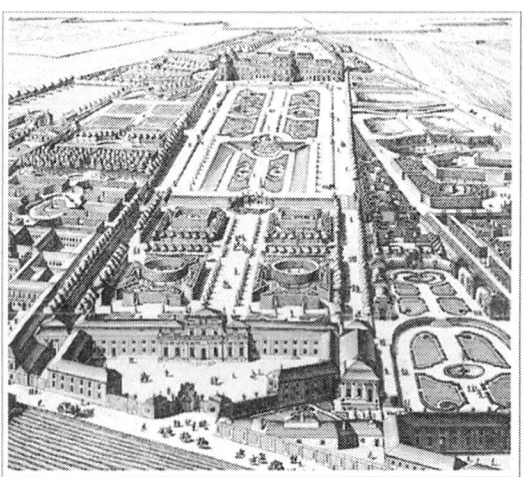

2　景観を取り込む

続く見下ろしの展望が良い。左の方向に眼を向けるとウィーンの都市も見渡せる。ベルヴェデーレ宮（見晴らしの良い館）の名に相応しい。

　車寄せのアプローチ路を経て玄関ホールに足を踏み入れると、階段の空間となっている。空間それ自体は、バロックの壮大な階段の空間と比べると控えめだ。両脇の階段は半階上ると上階の大理石の大広間へ通じ、中央には下階の庭園の間（庭園のレベルのサラ・テレナ）へと降りる階段がある。この半階下がる階段を降りてゆくと、前方には壮大なフランス庭園が展開するのが眼に飛び込んでくる。階段を上った大広間からの庭園の眺めも見事だが、階段を降りるにつれ庭園の展望が拓けていく様は一層すばらしい。

　傾斜地である敷地の特性を生かし、建築と庭園とが一体化している。

307 1773年、ナーゲルによるウィーンの都市図。トルコ軍来襲の脅威が去り、濠の外の郊外地も急速に市街化し始めた。地図の左上（この地図では北が下で、従って東南の方向）に広大なベルヴェデーレ宮が読み取れる。19世紀中頃、広大な濠部分（グラーシス）は埋め立てられ、環状道路（リングシュトラーセ）を中心に市街化された。ベルヴェデーレ宮は濠と都市壁に囲まれた旧市街区とはど近く、今日では都心といってもよい地である。また旧市街区ではいかに建物が密集しており、特に夏期に市民が郊外の自然を求めたかがわかる。308 ベルヴェデーレ宮を北から鳥瞰する。手前が下宮、庭を挟んで向こうに上宮。右隣にシュヴァルツェンベルク宮がある。手前の道路はレンヴェーク街。309 外宮から上宮を見上げる。南方向で逆光となり、天気の良い日には上宮はシルエットとして映ずる。冬の写真。310、311、312 上宮の入り口玄関ホール。階段室ともなっており両側の階段を半階上ると大理石の大広間、中央の階段を降りて行くと、前方にフランス庭園の景観が拓けていく。この銅版画にも僅かに庭が描かれている。313、314 半階降りると庭へと直接通ずるサラ・テレナ（庭園の間）である。この広間から庭園が見渡せる。

第Ⅱ章　場と空間構成

3　軸線の設定と左右対称的構成

3.1　厳密な左右対称的構成にも拘わらず力動性に富む
　　　　——フォルトゥナ・プリミゲニア神域、パレストリーナ(Palestrina)、イタリア

　ローマの東南30km程離れたところ、イタリア半島のほぼ中央を走るアペニン山脈の麓の傾斜地に人口1万人ほどの小都市パレストリーナ(古代名プラエネステ)がある。この都市のさらに高い位置、小高い山の中腹に巨大といってもよいスケールの建築が廃墟の様相を呈している。古代ローマ、恐怖政治で知られる独裁官スラの時代に建てられた運命の女神フォルトゥナに捧げられた神域の遺構だ(紀元前80年頃)。

　神域は山の南斜面に沿って7層のテラスが重層する幅120m、奥行き100m程の壮大な建築複合体である。斜面はかなり急で、神域全体で実に90mの高低差があり、重層するテラスはアーチないしヴォールト構造によって支持された人工地盤だ。それは山の斜面という自然の地形に馴じませつつ造ったというものではなく、自然を克服しようとする人工の構築物である。これを実現したのが発明したコンクリートを利用しての高度な土木・建築技術である。

　下方のフォールムから上方の神域にアプローチする。「待合」がある第3のテラスから第4のテラスへは左右から2つの斜路を昇っていく。屋根に覆われ壁によって一方を塞がれた斜路を上り切ると、そこにはバルコニーが形成され、視界が一挙に拓ける。雄大な自然の景観が眼前に広がる。そして第4、5、6のテラスへは南北軸である中心軸上の直通階段を昇ってアプローチする。第6のテラスはコの字型に周囲を列柱廊によって囲まれている広場となっている。さらに中心軸上の階段(今日では左右からアプローチする階段に変更されている)を昇ると劇場の観客席のような半円形の段状テラスとなり、上部はこの半円に沿

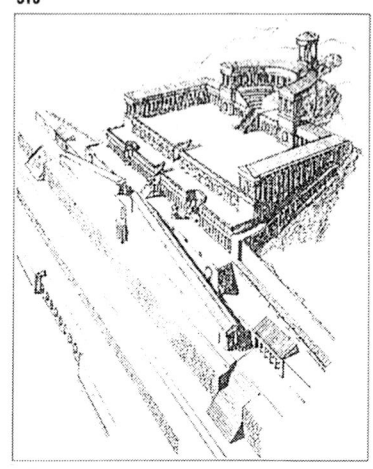

315 神域を遠望する。半円形の段状テラスに沿って湾曲した建物は17世紀、ローマの貴族バルベリー二家が、基礎をそのまま利用してその上に建築した別荘。今日、遺構の発掘品が展示される博物館となっている。316、317 復元図と復元模型。民衆派のマリウスとの戦いでこの神域を破壊してしまったスラが再建した。最上部にトロスの神殿があった。

って湾曲する列柱廊が、その奥に中心軸上にトロス（円形）の神殿が立つ。第3のテラスより最上部の神殿に至るまで南北軸と正確に一致する軸線が設定され、この軸を中心に厳密に左右対称性が守られている。

こうしたことから一般的には静的秩序のうちにあるこの神域は、にも拘わらず力動性に富む。すべてが上へ上へと促がす上昇感がある。幾重にも重なるテラス、対角線状の斜路、一気に次のテラスへと駆け上がる階段、上方に見え隠れする最終目的としての円形神殿等々いろいろなエレメントがそうした感覚を築きあげる。が、欠かせないのはテラスをはじめ神域全体が南の自然の景観に拓かれている点、つまりこの自然の景観と離れ難い関係性である。だから強い軸性と厳密な左右対称性にも拘わらず、窮屈でなく自由である。

ギリシャの神域では、全体構成は個々の建築によるコンポジションであり、個々の建築は互いに主張し合う。その全体構成は一見何の秩序も無いように見えるがそうではない。自然の景観に対し大きな畏怖を抱いたギリシャ人は、自然の景観を全体構成の中に積極的に採り入れた。図を認識、構成する能力に秀でたギリシャ人は個々の建築の見え方に大なる思考を働かせた。　古代ギリシャ古典期の後、壮大華麗さを好んだヘレニズム期になると神域には次第に中心軸が設定され、それを軸に左右対称性が求められ、神殿の周囲は列柱廊に囲まれる構成になっていく。　ローマは軸性と左右対称性を、敷地の自然の地形がどうであれさらに徹底させる。ギリシャ精神と異なる点は、個々の建築は全体を構成する部分であって、何ひとつ全体を支配するような建築が無いということである。全体は囲い込まれた空間を形成する。そのような囲まれた空間が有する庇護性もローマのものだ。

318、319 半円形の段状テラスは、下部半円形の舞台で行われた生贄の儀式を見守る人々のための座席。軸線は正確に南北軸となっており、遥か向こうに連なる峰々によって挟まれた平原の中央を海に向かって走る。320 湾曲する建物の下部。当時の遺構が見える。階段は当時、南北軸線上にあって一直線に延びるものだったが、このように17世紀に変更された。321 斜路を上った地点のテラス。エクセドラ（半円の窪み）で、前に円形の祭壇があり、生贄の儀式が執り行われ、エクセドラ内の座席に腰を下ろして見守ったとされる。

3.2　鳥居をくぐると神なる山がパースペクティブに展開する——津軽の岩木山神社

　富士山の景観論にもいろいろあるが、なぜ日本人にこれほど信仰され、親しまれてきたかについて、裾が広く美しい山容であることは無論だが、日本列島のほぼ中央に聳え多くの人々が目にしやすい（西の方角では322kmも離れた和歌山県の那智勝浦からも遠望できるという）こと、高峰が連なる日本アルプスから離れ、孤立して立つこと、それに駿河の海に近く、まるで砂浜から聳え立っているように見えること等々がその理由にあげられるが、東北・津軽の岩木山もこの富士山と多くの点で共通する。

　標高1,625mとそう高くはないが、平野に屹立し、津軽のどの村からも仰ぎ見ることができる。その山容は美しく威厳がある。神が降臨すると信じ、いつからか神山として人々の信仰が始まる。津軽の人々にこのように畏怖され、信仰され「お山」と親しまれてきた岩木山の山頂には8世紀末

神霊を祀って宮が創建された。9世紀になって麓に社殿を立て下居宮（おりいのみや）、つまり里に下りてきた宮として、山頂の宮を奥宮とした。奥宮と里宮そしてその間を神様が神輿に乗って往復するというのも日本人の神との関係を考えるうえで興味深い。今日見る岩木山神社は「神託」により11世紀に現在の山の東南麓の百沢の地に奉還されたものだという。

　江戸・津軽藩代々の藩主によって日光東照宮を範として整備されたという社殿の配置構成は奥宮がある岩木山頂の奥宮を基点として軸線が設定されている。鳥居‒‒楼門‒‒中門‒‒拝殿‒‒奥門‒‒本殿‒‒岩木山頂の奥宮と1つの軸線上にある。回り道をせず信仰の対象に近づく人々の一途な信仰を象徴するようだ。

　麓の里の緩やかな傾斜地に立つ岩木山神社の豪壮な鳥居をくぐると、両側に松の大木がおい茂り、土と石畳の参道が続く。見上げると一直線に続く参道の延長上に雄大な岩木山（「御山」）の山頂が望める。美しい石畳の上を歩むとコツコツと自分の足音が森閑とした境内に谺する。その静寂に神に近いことが感じられる。

　本殿に歩を進めるごとに岩木山が遠近法的に展開する。参道が斜面であるのが良い。神が宿る山に近づく上昇感が視覚的のみならず身体にも伝わるからだ。

朱に塗られた神橋を渡るとそこは神域だ。木立が点在する広場のようになっており空間は左右に広がる。だが参道はなお一直線に続き、品格と香気を放つ朱塗りの壮麗な楼門へと通ずる。この直線と膨らみの拮抗する空間が良い。そして中門をくぐってさらに拝殿、本殿へと続く。

　夏の「御山参詣」の日には神社脇を通り、これも一直線に山頂へと通ずる登拝道を沢山の人々が白装束で、幟や御幣を立て、笛や太鼓の囃子のなか山頂の奥宮に詣でる。

322 鳥居をくぐると、参道の向こうに春にはまだ雪を冠した岩木山の山頂が望める。323 神社の参道の軸線上に岩木山頂はある。山頂に一気に登る登拝道はこの軸線とほぼ重なる。324 神橋の向こうに品格と高貴を放つ朱塗りの楼門。この辺りの空間が良い。325 本殿を側から見る。326 山頂の奥宮。327 桜が咲く晩春、雄大な岩木山を見る。

第Ⅱ章　場と空間構成

3.3　後世に君主を永遠に記憶させるものとしての建築
　　　　　　　　　　　　——ヴェルサイユ宮、パリ(Paris)、フランス

　ウィーン、ハプスブルクの皇帝マクシミリアン一世は15世紀末、「自分の生きている間に自分の記憶を作らねば、死後には記憶は残ることなく、葬儀とともに忘れ去られてしまう」と語ったという。その後の君主たちは、自分の「メモリア(記憶)」を後世に永遠に残すという視点からの政治を行った(P. プランゲ)。君主による芸術、芸術家の庇護はこの視点からによるものであり、絶対主義の時代になると、あらゆる芸術はこうした政治の宣伝の道具としての役割を演じた。建築もまた例外ではなかった。

　ヴェルサイユ宮の造営を命じた太陽王ルイ14世の蔵相コルベールは、この間の事情を端的に表す言葉を王に奏上した。「王は望みさえすれば、いくらでも戦争に勝利し、領土を拡大できるが、それは王としての今日の名声を高めるに過ぎない。だが、王が後世に永遠の記憶として残り、歴史に名を残そうと欲するならば、壮大、壮麗な宮殿を建てねばならない。ただこうした建築のみが不朽だからだ。」事実、誰にとってもヴェルサイユ宮と聞けば、この言を実行したルイ14世と結び付く、といえる。

　パリの南西約20kmの沼沢地で、もともとはルイ13世の狩猟の館があり、17世紀後半それをル・ヴォーの建築設計、ル・ノートルの庭園設計によりルイ14世が大改・増築させたのがヴェルサイユ宮だ。王はそれまで住んでいたパリ市内のルーヴル宮を後にし、これを住まいと政治の場とした。官吏が住む新市街地を走る放射状の3本の大街路が一点に集中する宮殿前の広場を基点とする中心軸が宮殿全体の空間を貫徹する。宮殿はこれを中心軸として左右対称に構成され、また宮殿背後に広がる広大な庭園もこれと同じだ。

　入り口広場側の宮殿はいわば雁行状に中心軸に収斂する構成で、中央に集権する専

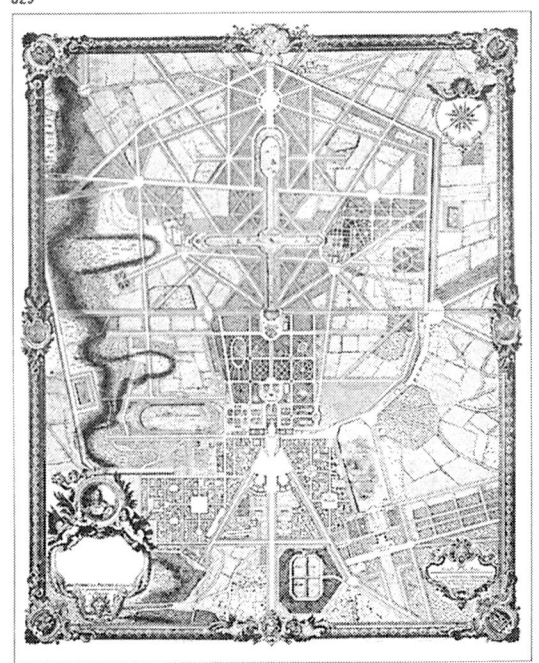

制国家の理念を象徴するとも読めよう。

　大規模なヴェルサイユ宮にあって、宮殿の建物は大建築にも拘わらず僅かな部分を占めるに過ぎない。左右対称に構成された庭園においてはとりわけ中心軸が強調される。周囲に樹木が繁茂する中、それが（中心軸上に）帯状に切り取られた空間が無限に連続し、地平線上に消失する。消点は地平線上だ。長手方向が1.5kmに及ぶ十字形の池（運河）が造られ、それは中心軸と一致する。池の水はセーヌ川から機械仕掛けの揚水ポンプによって汲み上げられたものだという。とてつもない大土木工事によるものだ。池の十字形は何を象徴するものなのか。王の神の加護を意味するものか、それとも神託を受けた王権を象徴するものなのか。長手方向はほぼ西の方角と一致するところから、夕陽が水面に反射して赤く輝き、条状になって地平線にまで延びるという（L.ベネヴォロ）。軸線上の一点に収斂した場所である宮殿2階の「鏡の間」から王が眺める壮大な景観だ。王が眺める地平線は広大な領土を象徴する。

　宮殿とともに左右対称的構成を有し、池、噴水、それに街路樹から花壇に至るまで規則正しい幾何学形を示すこのいわゆる「フランス庭園」に、専制国家──すなわちルイ14世（「国家すなわち私だ」）の政治理念を支える隅々まで貫徹したヒエラルキー的秩序が見られるが、自然をこれまで管理するようになった背景には、湿気が多い海洋性気候のイギリスの植生と相違して、乾燥した大陸の気候風土の植生が管理しやすいという契機があったのではないか。

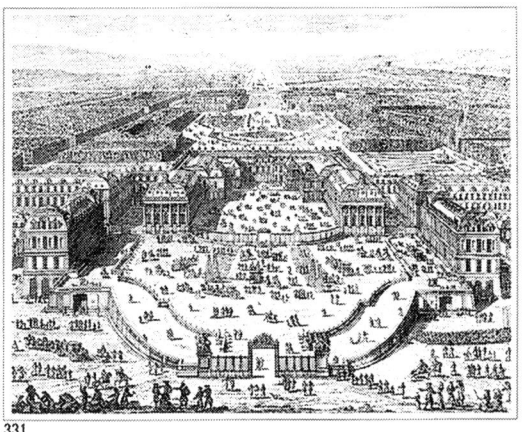

328 王宮前広場。329 王宮背後に広がる広大な庭園。陽が沈む西の方角に延びる長さ1.5kmに及ぶ池は王宮を貫徹する中心軸と一致する。330、331 壮大な王宮を表す配置図と鳥瞰図。332 庭園に面した2階「鏡の間」。左の壁面は鏡張りとなっていて、外の庭園を映す。333 「鏡の間」から王が眺めた壮大な庭の景観。

3.4 統治の正統性を建築に投影する──伊勢神宮（内宮）

　天皇家の祖先とされる天照大神を祀る伊勢神宮内宮は、伊勢の地の神域として一千年以上にもわたって斧を入れることが禁ぜられた禁伐林、巨木が鬱蒼と繁る広大な美しい自然の奥深く、静寂の中でひっそりとたたずんでいる。古代日本建築の古い様式を伝える装飾要素が残るがその簡潔で力強い造形、均衡のとれたプロポーション、それに屋根の茅葺、棟持ち柱、壁その他の部材を構成する檜の素材の清清しさ、その美の生かし方──まさに日本の建築の原型というに相応しい見事な建築だ。そして新しい檜が香ばしい香りを四周に放つかのごとく瑞々しい。それは20年ごとに隣の宮地に交互に造り替えられるという式年遷宮の神秘的な儀式・制度があるからだ。

　中世の僧西行はこの宮を訪れて「何事のおわしますかは知らねども、かたじけなさに涙こぼるる」と詠じたが、実際、この神宮にはことさら天皇家の統治の正統性・権威を守る、あるいは状況に応じてそれを高める意図が見られる。それは神秘化し、また厳格な左右対称的な構成に表われる。西行が詠じたように、神宮を訪れても正殿はおろかほとんど何も見えない。四重の垣根に囲まれているからだ。人が近づくことを拒否する空間だ。

　伊勢神宮の成立は、伝承を信ずれば4世紀に遡るとされる。その形態はより簡素なものであった。人々が住む住居である竪穴住居に対して、生きるに大切な穀物を貯蔵する場所としての高床式倉庫、特に神事の道具を保管する斎倉を原型として、美的に洗練されたものだ。

　それが今日見る神宮として成立したのは6世紀後半とされるが、その背景として仏教が6世紀中頃伝来し、仏寺が建立され、仏の祀り方に影響された。また大和朝廷の統治が確立し、その正統性と権威付けの一環

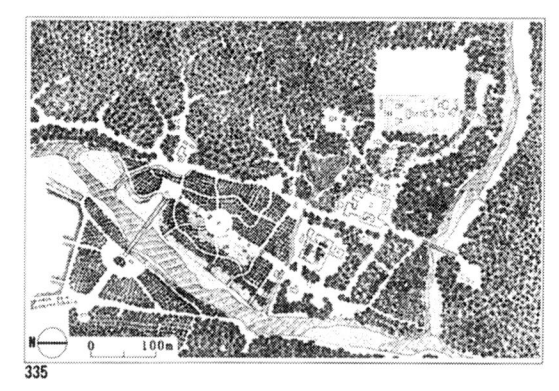

3 軸線の設定と左右対称的構成

として整備した点が指摘されるという。その当時の神宮（推定復元図）を見ると、南北軸を中心軸に取り、各社殿は厳格に左右対称に配置されていた。またこれも中国の影響であろうが正殿は南面している。そして正殿の高欄を飾る五色の居玉（すえだま）等によって荘厳されるなど中国の影響を受けつつ建築も神宮の形式も整った。7世紀末（持統4年、690年）には式年遷宮の制度が始まった。

ところで今日見る神宮は厳密には左右対称の構成ではない。その大きな点は、外から2番目の垣根、外玉垣の内の東に立つ四丈殿に対峙する建物が無いことだ。そこは今日石壺となり、それは神官が神へ祝詞を奏上する位置を示すもので、儀式はこの辺りで行われる。もともとは斎内親王侍殿（四丈殿）に対し、これと対峙するように舞姫侯殿が立っていたという。

中世末期の1434年から1563年の129年の間、戦乱に紛れて式年遷宮の儀は途絶え、神宮は荒廃した。129年の空白は長い。式年遷宮の儀式は復活したが、神宮の形式は完全には継承され得なかった。四丈殿に対峙して立つ建物は欠け、左右対称的構成は崩れた。またこの時荒廃した神宮の体裁を取り繕うべく中重鳥居（なかえのとりい）が新たに建てられた（渡辺保忠）。

長く続いた武士社会が終焉し、天皇の統治が再び始まった明治期になって、その権威を強化すべく再び伊勢神宮の神秘化、荘厳化がされた。板垣をより高くし、四丈殿に千木・堅魚木を新たに取り付けたり、飾り金物を増やした。国家権力が建築に投影してきたのが伊勢神宮でもある。

335 五十鈴川にかけられた宇治橋が神域の入り口を象徴する。白い砂が敷き詰められた参道を行く。巨木が鬱蒼と繁る森の中に神宮はたたずむ。336、337 20年ごとに隣の宮地に交互に造り替える式年遷宮。下はちょうど造り替え中で、2つの神宮が並ぶ珍しい写真（1993年3月4日付、朝日新聞）。338 西行の歌のように、神宮を訪れても四重の垣根に囲まれているから、正殿はおろかほとんど何も見えない。板垣南御門を入った南宿衛屋近くから見たもので、手前は中重鳥居、その向こうに内玉垣南御門。玉石が美しい。339 隣の建立を待つ宮地は古殿地といい、正殿が立つ中心の位置に屋根に覆われた「心の御柱」が埋められている。340 内宮西宮地（推定）。中世末期の式年遷宮が途絶える以前の配置図で、厳格な左右対称性を示す。

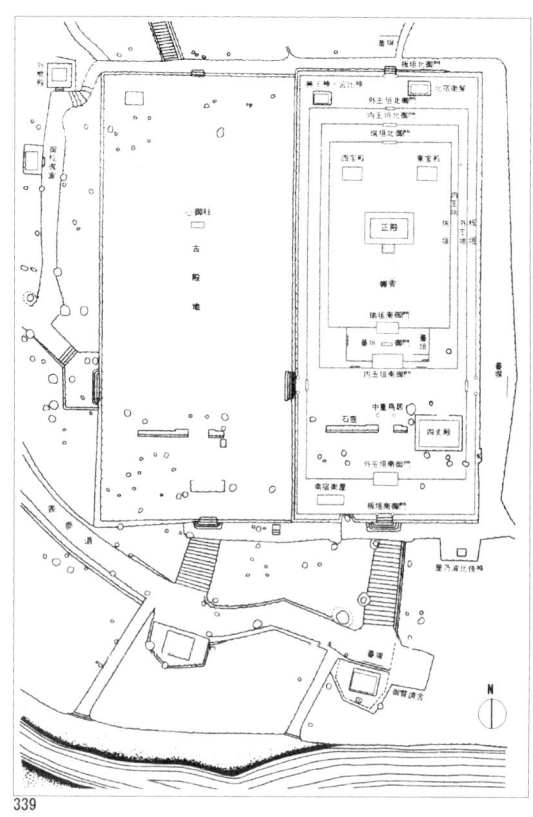

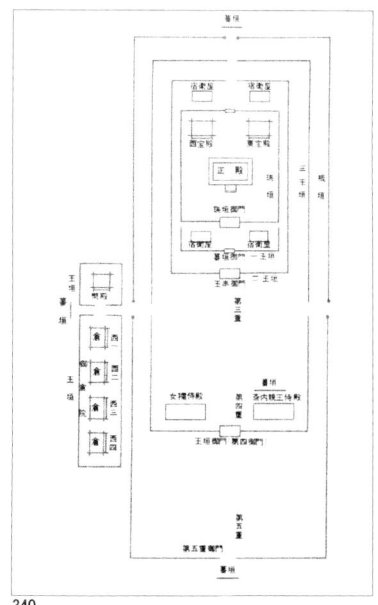

第Ⅱ章　場と空間構成

4　「生きられる」ことによって形式が崩れていく

4.1　宮殿からマリア・テレージア女帝一家の住まいへ
　　　　　　　　　　　　——シェーンブルン宮、ウィーン(Wien)、オーストリア

　ウィーン郊外に立つシェーンブルン宮はハプスブルク朝皇帝の夏の離宮だ。ウィーン・バロックの建築家フィッシャー・フォン・エアラッハの設計によるが、その後マリア・テレージアの指図による大規模な改築等いくつかの改変を経たものが今日見るシェーンブルン宮の建築である。

　宮殿が丘の上に立つ壮大な第一次計画案ではなく、規模も縮小され、丘の麓に宮殿が立つように構想も大きく変更された計画案で建設が開始されたが(1690年)、当初の施主であるレオポルド一世、皇帝位を継いだヨーゼフ一世が相次いで死去し(1711年)、躯体工事は進んだのであろうが、皇帝となった弟のカール六世は工事を中止させ、他所に夏の離宮を求めた。その後市民の間にも忘れ去られた存在となったという。

　1736年マリア・テレージアの結婚を機にそれまで未完成のまま放置されていたシェーンブルン宮を、娘夫婦の居城にすべくカール六世によって工事が再開されたが、遅々として進まなかった。1743年帝位を継いだマリア・テレージアは宮廷建築家パカッシーの手を借りて「女帝一家の住まい」として改築を進めた。

　一家の主婦・母親としての眼差しでもって、政治の場、皇帝の富と権力を見せ付けるための宮殿だけではなく、住まいとしての居住性をも追求した。

　フィッシャーの計画案を見ると、各部屋は大きく、それらの配置関係においても例えば南の庭に面した広間を両翼とも謁見の間とするなど機能性よりも堂々たる外見を

341 改築前のフィッシャーの主要階の平面プラン A：大広間、B：皇帝の階段、C：玄関ホール、D：広間、E：謁見の間、F：鏡の間、G：寝室、H：一家の礼拝堂、J：宮殿礼拝堂、K：控えの間。342 フィッシャーによる実施計画案。丘の上にロジア状の建物が構想されていることが読み取れる。70年後ホーヘンベルクは、これを踏まえてグロリエッテを計画したと思われる。343 宮殿の壮大な階段の空間。ただし、これはシェーンブルン宮ではなく、ドイツ・バンベルク近郊ポンメルスフェルデンのシェーンボルン伯の宮殿の階段。「建築狂」で知られるシェーンボルン伯がフィッシャーのシェーンブルン宮の階段をモデルにして、自身でデザインしたものと誇る。344 マリア・テレージアによる改築後の主要階の平面プラン(今日のプラン) A：大広間、A‧：小広間、B：丸い中国風の小部屋(345)、C：楕円の中国風の小部屋、D：家族のセレモニーの間(346)、E：青い中国風サロン(347)、F：漆の間(マリア・テレージアの私室)(348)、G：(ナポレオンの間)、H：磁器の間(マリア・テレージアの執務室)(349)、J：ミニチュアの小部屋(350)、K：百万の間(マリア・テレージアのサロン)(352)、L：宮殿礼拝堂、M：バラの部屋、N：大きなバラの部屋(351)、O：鏡の間(353)、P：バルコニーの間、Q：黄色のサロン、R：朝食室、S：子供部屋、T：(後の皇后エリザベートのサロン)、U：(後の皇后エリザベートの寝室)、V：化粧室、X：テラスの小部屋、Y：(後の皇帝フランツ・ヨゼフの寝室)、Z：(後の皇帝フランツ・ヨゼフの執務室)

88

優先させる。全体として外観も含めて、内部においても左右対称的構成で、格式を重んじるあまり形式主義に陥っているともいえよう。正面入り口中庭に面して、「皇帝の階段」なる壮大な階段の空間がある。ドイツのバロック宮殿には途方もなく壮大な階段の空間が多いが、それを見たフランス人は、建物内部の居住性といった機能性を充足させることなどせず、なんと馬鹿気たことだと呆れかえったという。ヴィトルヴィウスのいう「用（コモディタス）」としての居住性を建築に要求する社会的枠組みがフランスにはあった（この頃既にヴィトルヴィウスの「建築十書」のフランス語訳が出版されていた）。逆にいうとそうした社会的枠組みが無かったゆえに、後進の北ヨーロッパの国々の建築家達は階段の空間に自由な想像力を翔せ得た。

フランス人の夫を持つマリア・テレージアは、夫そしてフランスの社会の影響もあるのであろう、実利的に住まいとしての宮殿のありようをも思考した。壮大な階段を取り壊し、必要な数の小さな天井高も低い家族の間とした。南の庭に面した謁見の間も廃し、いくつかの小さな部屋・サロンなどにした。宮殿の大きな、天井高も高い広間ばかりでは、住まいの居心地の良さ、親密性は得られないからだ。そして部屋はフランスで流行ったロココの優雅さでしつらえた。ここではフランス風の過度の装飾に走ることなく、抑制の効いた18世紀前半のビーダーマイアーに通ずる優しく愛らしい空間であった。こうして皇帝の宮殿として格式を保つ一方、マリア・テレージア女帝一家に「生きられる」ことによって左右対称性という形式は崩れていった。

4.2 儀式から生活の空間へ——寝殿造の邸宅の非対称的な空間構成

　平安時代、貴族の邸宅であった寝殿造は、中国の宮殿形式として伝わったものだという。長安の都市において見たように（第Ⅰ章、1.4　中国・長安の都と平城京、平安京）、皇帝の統治の正統性を視覚的にも強調するためか、都市プランは南北軸を中心軸として厳格な左右対称的構成となっている。その南北中心軸の朱雀大路の幅員が150ｍと途方もなく大きく、生活のための都市というより、権力誇示のための形式主義的な都市の側面が強かったが、やがて時が経て市民が都市を生きることによって徐々にその形式は崩れていった。中国から伝わった寝殿造は初期の配置構成は左右対称であったが、やがて住居として生きられることによって、非対称的構成が進んだ。9世紀にはわが国での寝殿造が確立し、書院造を経て日本の住居の1つの原型となった。

　今日、寝殿造の邸宅を目にすることはできない。木造建築が主であった日本建築の宿命か、すべて火災で焼失してしまい、遺構として残存しているものは皆無だからだ。実物は見ることはできないが、寝殿造とはこうであったろうとわずかにその面影を偲ばせる建築は厳島神社や京都の上賀茂神社等いくつかある。権力と財力を有する貴族達はこの寝殿造の邸宅を競うように建てたというが、「実際の用途においては住居だが、その意図するところは浄土の再現だ（増田友也）」という。

　京都の藤原家の邸宅、東三条殿（9世紀創建、1166年焼失）は寝殿造の中でも広壮で、その代表的なものとされるが、復元図と寝殿造の初期のもの（あるいは御所内の内裏）と比較すると、時代とともにいかに左右対称性が崩されていたかが窺われる。中国では天子南面するということで南北軸が、そして南門、これに続く儀礼の場としての南の庭が非常に重要視され、初期の寝殿造にはそれが見られるが、東三条殿には消失し

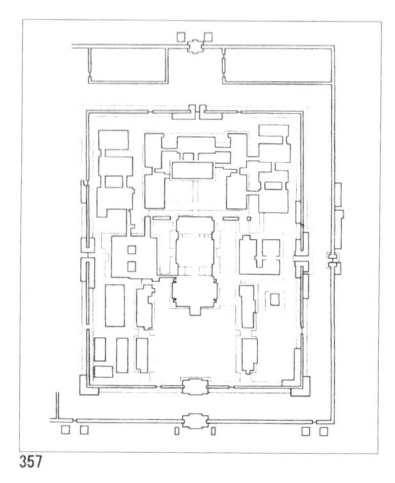

354、355、356 寝殿造りの遺構は今日、目にすることができないが、わずかにその面影を偲ばせる建築の一つ：京都の上賀茂神社と安芸の厳島神社。丸柱の列柱、深い軒の屋根。天井がはられて無く、開放的な空間。水平に延びる外延的な建築。庭との一体性。357 平安京、御所内の天皇の日常の生活の宮殿としての内裏。このように初期の寝殿造りの空間構成は左右対称的であった。

4 「生きられる」ことによって形式が崩れていく

もはや見られない。これは南庭における造園が重要視されたためだ。住まうことにより、儀礼・格式よりも庭のほうが大事だ、つまり自然への関心の強さといった日本人の心情が反映されていった。この自然への関心の強さといった点は、後々まで日本の建築の性格と深く関わる。

かくして東中門が主要入り口となり、供の控えの間、車宿等がここに必要となるなど住まいの実態的機能が当然重んぜられ、全体の左右対称性は崩れていくこととなる。京の都は北から南へとわずかだが傾斜を有するところから鴨川その他の川から水を引き、あるいは湧き水を利用して造った大きな池と築山を有する広大な庭園の中を（池の中にも）幾棟もの建物が建てられ、それらをつなぐ透廊が縦横無尽に走る非対称の大邸宅が寝殿造だが、西方浄土の世界とはこんなものであろうとの当時の貴族達の想像力が感じられる。

また配置構成だけでなく、内部空間の使われ方においても左右対称性が崩されていった。それは塗籠（ぬりごめ。寝室兼納戸）の存在によるものだ。古来、日本人は建物中央部の比較的暗い部屋、板壁・塗り土壁によって仕切られた部屋に大切な財産を保管し、また寝室としてきたが、こうした土着的風習がここでも受け継がれ、寝殿造の建築にも残存した。水平の天井がはられて無く、開放的であったその空間では、こうした寝るための部屋は必要であった。

この塗籠は寝殿造の身舎の各所にあり、その結果儀式のありようが左右対称の建物のありようと一致しない。例えば上客は塗籠を背に西に向かって座り、侍臣達は南北に向かい合うように座るわけで、建物の左右対称性とは合致しない。こうした内部空間における使い勝手も、建築全体の非対称的構成に後々、大きな影響を及ぼしていった。

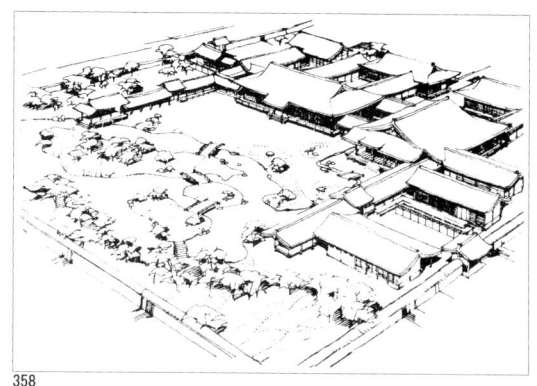

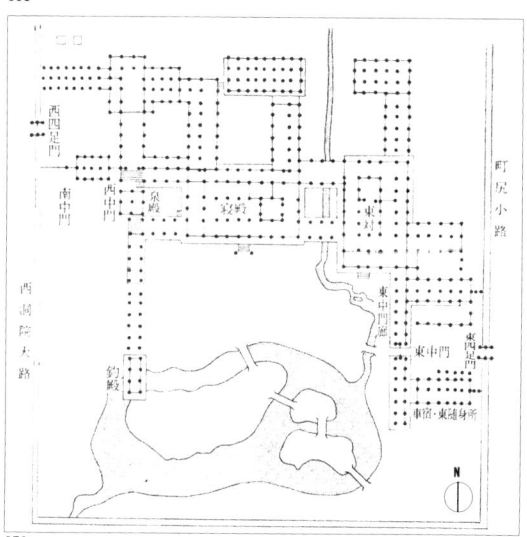

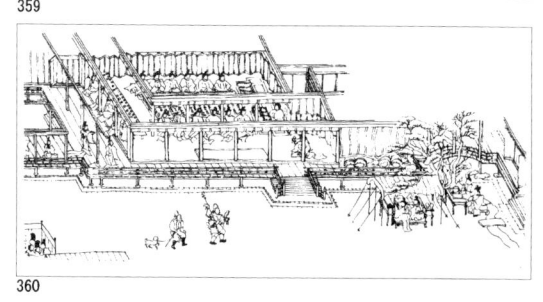

358、359 京都の藤原家の邸宅、東三条殿（太田静六復元）。既に南門は無く、南には池を配した庭園となっている。池では舟遊びが盛んだったという。左右対称的構成は崩れている。360 天皇を迎えての宴。塗籠の存在によって、内部空間の使い勝手も、南北軸を中心とした左右対称的ではない。

第Ⅱ章　場と空間構成

4.3　雁の隊列を組んで飛ぶさまに不思議を見る——京都、桂離宮の書院

　「春霞かすみていにしかりがねは」「かりがねの聞ゆる空に月わたる見ゆ」これらは「古今和歌集」で詠まれたものだが、このように雁を詠んだ歌が多い。北国から来る渡り鳥だから、秋、春の季節の到来と重なるためか、あるいは夕空にジグザグの美しい隊列を組んで飛び、ねぐらに帰る雁たちの姿に不思議を感じたのか——。以来、ジグザグの建物構成を雁行型という。隅違いとも言うらしいが、雁行のほうが風情があって遥かに良い。建物の大きさや形が少々相異しても、比較的容易にそのようにつなげていくことができる。

　京都の西はずれ、桂川沿いに立つ桂離宮の書院の構成はこの雁行型である。折れ曲がったところの部屋を見ると、この空間を平面的に規定する2面（東南面と西南面）が前面の庭と接し、部屋から庭への視野は広い。直角に庭に面するから、庭の中に突き入るかのように貫入し、内外の空間相互の貫入が効果的だ。つまり雁行することで部屋は前面の南庭とより緊密な関係性を得ることとなる。書院は美しい庭という自然と一体となる。

　だが雁行型の構成は最初から意図的にされたものではない。この建物には2度にわたる増築工事があり、結果として今日見る雁行型となった。

　秀吉が関白職を譲ろうと一時猶子としたが、側室淀君に子が生まれたため、これを止め、新たに八条宮家が創設されたという。その八条宮智仁親王（正親天皇の孫。1579〜1629年）が別荘として建てたのがはじめの建物「古書院（1615年頃）」だ。その子供の智忠親王が結婚を前に、これに増築させたのが「中書院（1641年頃）」である。そして後水尾上皇を迎え入れるため、再度の増築をしたのが「楽器の間」を含めた「新御殿（1662年頃）」だ。40年以上の歳月をか

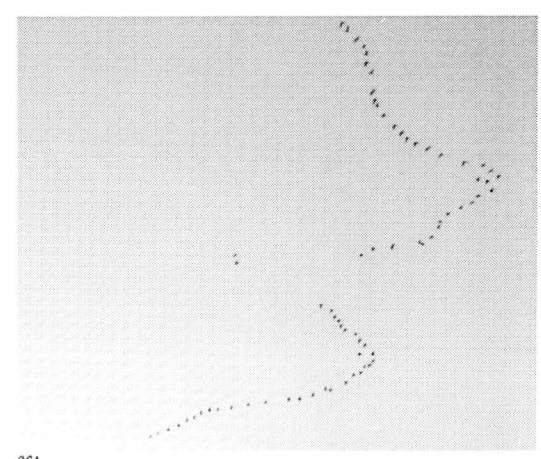

4 「生きられる」ことによって形式が崩れていく

けて、増築を重ねて書院は完成した。

はじめの古書院を建てた智仁親王には無論今日見るような全体の建物のイメージ、雁行型のイメージは無かったに違いない。完成後、親王は公家達を誘ってこの「瓜畑の中のかろき茶屋」で遊んだといわれるが、簡素だが品格ある建物である。美しい庭の工事とそれに建物と庭との関係についても指図したのであろう。教養ある文化人であった八条宮親王による古書院の質の高さが無ければ、今日の書院は無い。

25年程経って増築されたのが中書院である。増築計画にあたって重要な点は場を読むことだ。別荘という建築の性格から、禁裏での日常の公務・雑事から解放されて、自然の中で愉しみ住む、これを充足させねばならない、となると庭との関係が第一義となる。古書院の「一の間」の庭との関係を考え、そして南の庭とは反対側の北側建物部分の動線の繋がりを考慮に入れ、また新たな、いわばサービス部分の増築部分の庭との最も良い関係を考えれば、1つの良策として雁行型プランが考えられよう。こうして既存の建物との関係性とともに増築した場合の全体の建物のありようをその現場の中で読む、その場合重要な役割を果たすのは鋭い感覚と深い思考だが、これを支えるのがここで住まうことによって得られた経験と知恵だ。

楽器の間と新御殿の再度の増築もこれと同じであろう。およその全体のイメージはあるものの、具体的な計画は現場で感じ取る、すなわちその場を読み、そして判断して決定していく。思考総体ともいうべき感覚が場を読む。だから比較的自由な構成となる。左右対称性などの静的な秩序ではなく、ある種の動的な均衡感覚に基づく全体的調和への関心が強いのだ。結果として今日その全体の空間構成を見ると、非対称な構成であり、雁行しているということだ。

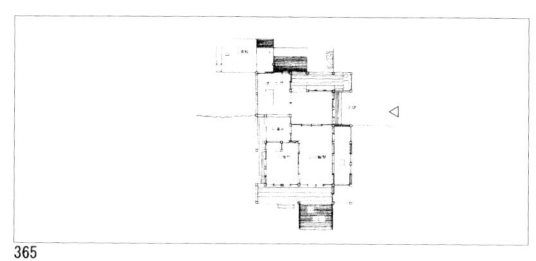

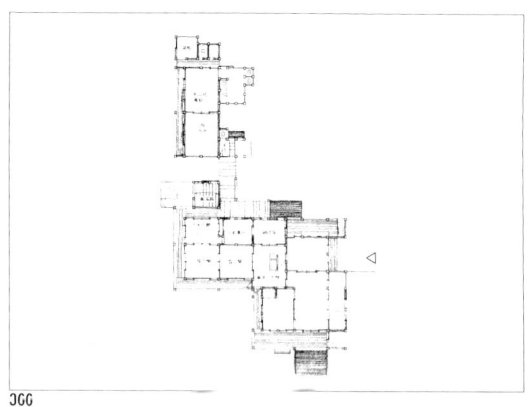

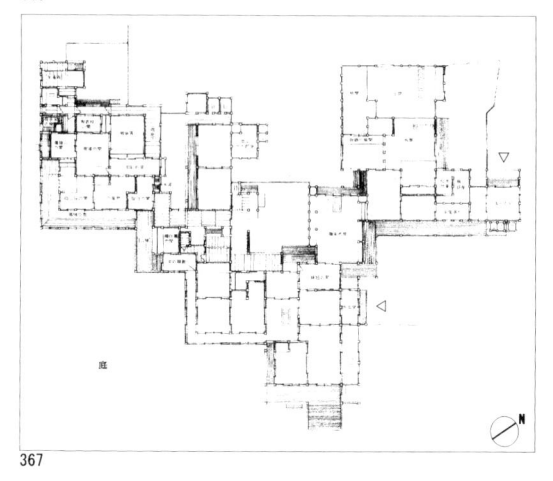

365

366

367

361 雁が美しい隊列を組んで飛ぶ「雁行」(才蔵氏撮影)。362, 363 書院を庭から見る。雁行型の構成。364 楽器の間の縁から庭を見る。建物と庭は相互に貫入する。365、366、367 増築プロセスを示す。各平面図は同一スケールで、同一の位置で示している。365 はじめの古書院、366 中書院の増築、367 楽器の間と新御殿の再度の増築。

93

第Ⅱ章　場と空間構成

5　大地に馴じむ

5.1　テラスが幾層にも重なっていく
　　　　——幻のシェーンブルン宮計画案、ウィーン(Wien)、オーストリア

　ウィーン郊外に立つ皇帝の夏の離宮シェーンブルン宮は壮大な建築には違いないが、パリ郊外に立つヴェルサイユ宮と比べれば、建物・庭園の規模それに構想においても見劣りすると言わざるを得ない。敵対する強国フランスが最近完成させた(1688年)ヴェルサイユ宮を凌駕するものとして、シェーンブルン宮の建設をハプスブルク朝は意図したのに違いないのだが——。
　今日見るシェーンブルン宮は実は第二次計画案が実現されたものだ。同じ建築家フィッシャーによる第一次計画案があった。それはフィッシャーが自費で出版した世界最初の世界建築史図集というべき書「歴史的建築の構想(1721年出版)」中に、自身の計画案として載せているから、そのおよその構想が読み取れる。その書は数十年にわたって古今東西の名高い建築の図・資料を収集し、フィッシャーなりに解釈したもので、そのユニバーサルな思考、高い歴史意識が窺われて、興味深い書だ。
　実現された第二次計画案では、宮殿は小高い丘の麓に位置するのに対し、ここでは丘の上に立つ。古代ローマの皇帝トライアヌスの記念柱を想起させる一対の柱が立つ堂々たる正門を入ると、左右に噴水を配した広場がある。ハプスブルク朝の強大な力を誇示するかのように軍のパレードが繰り広げられ、また馬上試合などが行われる広場だ。その後方中央には滝と池があり、その水飛沫の向こうには幾層ものテラスが上へ上へと重なっている。最上部のテラスの上に円形の前庭を前にして、中央部が半円を描くように湾曲し、翼部は水平に伸びる宮殿が立つ。丘の斜面に沿って幾層にも重なるテラス(斜路を利用してアプローチす

368

369

368 実現されなかった、最初のシェーブルン宮計画案。369 地形がほぼ平坦にも拘わらず、人工的にテラスが幾重にも重なっていく北京の紫禁城。17世紀。370 実現したシェーブルン宮第二次計画案。丘の上にロジア状の建物が描かれ、構想されたことが読み取れる。371、372 丘の上に立つグロリエッテ。373、374 ウィーン郊外に立つルネッサンスの離宮の遺構。ウィーンの東南、市立中央墓地の近くに、あのオスマントルコの皇帝シュレイマンがウィーン包囲の際(1529年)、美しく、大きな野営テントを張ったとされる地に、皇帝マクシミリアン2世によって離宮「ノイゲボイデ」が建設されたが(1568年〜)、皇帝の突然の死(1576年)で完成することはなかった。今日では廃墟となっている。このルネッサンス宮殿の一部を構成していた列柱廊の列柱群がシェーンブルン宮の丘の上に運ばれ、そっくりそのままグロリエッテの柱として使われた。

る）の上に立つ宮殿の景観はダイナミックで壮大だ。

　ハプスブルクの皇帝は多くの場合、同時に神聖ローマ帝国の皇帝位を合わせ持っていたが、この「栄光のローマ」を継承する皇帝を象徴する建築（芸術史家ゼードルマイアーはそれを「皇帝様式」と名付ける）をフィッシャーは意図した。後に設計・実施されたカール教会は、それをより明快に示す建築だ。15歳より31歳まで15年間にわたりローマで修行したフィッシャーには、パンテオンをはじめとする古代ローマの壮大な建築遺構の直接的な体験があり、これが大きな力となった。

　「歴史的建築の構想」において、古今東西の名高い建築を取り扱っただけでなく、フィッシャーは自身による設計の建築（計画案・実施案ともこの第一次計画案を含めて計14の建築）をも「著者設計によるいくつかの建物」と題してその第4章として扱ったが、それらは無論、自信作であったろう。パリのヴェルサイユ宮を遥かに凌駕するといえるこの計画案は、そのあまりの壮大さゆえに、そしてその実現には大規模な土木工事が必要であり、予想される膨大な建設費ゆえに実現に移されなかったが、フィッシャーの無念さが窺われる。

　では実現された第二次計画案では手を付けられなかった丘の上はどうなったのか。その後60年ほど経て、1775年新古典主義の建築家ヘッツェンドルフ・フォン・ホーエンベルクの設計によって展望台としてのロジア・グロリエッテが建設された。このグロリエッテこそ、シェーンブルン宮全体の空間を引き締める重要なエレメントである。

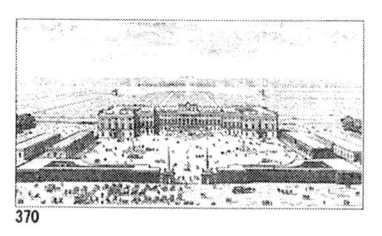

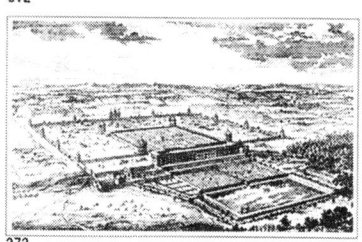

370

371

372

373

374

5.2　大地に抱かれた野外劇場

5.2-1　自然と一体化する壮大な劇空間
　　　　——古代ギリシャの野外円形劇場、エピダウロス（Epidauros）、ギリシャ

　ギリシャ、ペロポネソス半島の東部にあるエピダウロスは医神アスクレピオスを祀った神殿がある聖地で、お参りすると病が治ると名声を馳せ、多くの人々の信仰を集めた。アスクレピオス信仰は紀元前6世紀頃始まったというが、紀元前4世紀に最盛期を迎え、この聖地を訪れる多くの人たちのために、神殿のみならず音楽ホール、体育館、運動場、図書館、宿泊施設などを全面的に改築・整備した。野外円形劇場もその1つである。エピダウロスは祭祀と文化の中心地でもあった。

　周囲を雄大な山々に囲まれた景勝の地で、広大な神域はその後、略奪や地震、戦争で荒廃し、今日礎石や柱、壁の部分が草むらに残るだけだが、神域のはずれの小高い山の裾が始まるところにある野外劇場のみがほぼ当時のままの姿を残している。発掘されるまで長く地中に埋まっていたためか、最もよく保存されている古代ギリシャの野外円形劇場だ。

　紀元2世紀にギリシャ各地をくまなく訪れて、その見聞を「ギリシャ記」に著したパウサニアスはこの地を訪れて、〈野外劇場の規模・大きさではメガロポリスのそれが一番だが、調和に満ちた美しさの点ではこのエピダウロスが一番だ〉と感嘆している。自然の大地に馴じむように山の斜面を利用した観客席（テアトロン）からは、舞台・オーケストラで繰り広げられる劇とともにその向こうの神域、そして背後に幾重にも稜線が重なる雄大な山々の景観も見渡せる。

　コロス（15人程度の合唱隊）が歌い踊る円形のオーケストラ（直径20.28 m）を中心にそれを囲むように自然の地形を利用してつくられた観客席は、中段通路を挟んで下は34列、上は21列の計55の列となっており、1万4,000人を収容する。通路、座席は石灰

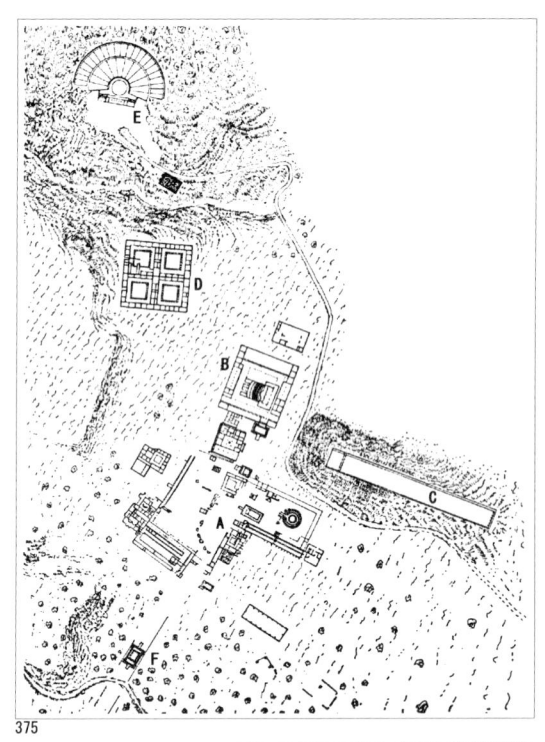

375 アスクレピオスの神域。A：アスクレピオスの神殿、B：体操場と劇場、C：陸上競技場、D：宿泊施設、E：野外円形劇場、F：プロピュライア（神域への門）。376 雄大な山の麓に斜面を利用して野外円形劇場が造られた。377、379 上段に座ると演劇とともに、背後の稜線が重なる雄大な山々の景観が愉しめる。378 今日でも夏には上演され、人気が高い。オーケストラに向かって求心性が強く、音響効果が良いから演ずる人の声がよくとおる。380、381 石灰岩でできた美しい座席。著者の座席部分の実測スケッチ。382 平面図。オーケストラは円形で、ローマ期となると半円となる。

5 大地に馴じむ

岩で、特に中段通路を挟んだ背もたれのついた座席は美しい形に加工されている。観客席の勾配は大きく(50/100)、オーケストラに向かって求心性が強いことから音響効果は良いし、何よりも舞台とオーケストラを中心に演ずる者と観客とが大自然の中で一体となる演劇空間だ。

コロスが歌い踊る場としての円形のオーケストラに続いて、舞台背景と俳優の楽屋としての2層の建物(スケーネ)を背にして凹状の場、舞台(プロスケーニオン)がほぼ同じレベルにある。後に屋上も舞台となった。俳優は仮面をつけて演じ、初期には1人、その後2人、3人と増えていったという。そしてスケーネの裏側に列柱廊が増築され、小道具倉庫、演劇関係諸室として機能した。

エピダウロスの野外円形劇場はこのように機能的にも、形態的にも非常に質の高い劇場空間だが、この建設時期はアテナイのアクロポリスの丘の斜面を利用したディオニソスの野外劇場の整備充実期とほぼ一致する。それからすると、初期の劇場では、観客席は未だ石造ではなく木造であったし、スケーネは木製の仮小屋のようなものであったという。

エピダウロスの場合、実測した結果、座席と座席の間隔は85cm、座席の奥行き30cm、高さ35cmで、断面形をみても座り心地や座席の前を通る人のためのスペースを考慮して非常によく考えられている。人々は座布団を各自持参したか、布団の貸し出しもあったという。そしてディオニソス劇場の場合だと、入場料は全席共通で、貧しくて払えぬ人たちには、国庫から「観劇手当て金」が支払われたという。奴隷制を前提としているが、古代ギリシャの都市国家の高い文化水準には驚かされる。貧しい人たちも一緒になって観客と演ずる者とが大自然の中で一体化する壮大な劇空間だ。

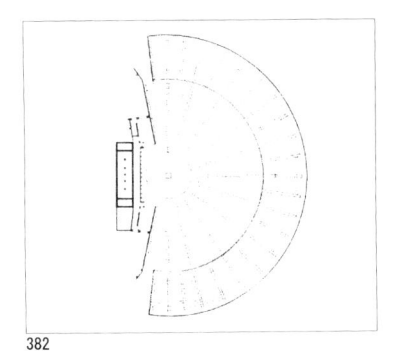

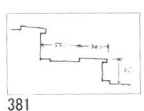

377

378

379

380

381 382

第Ⅱ章　場と空間構成

5.2-2　内部空間化された巨大な劇場空間
——古代ローマの野外円形劇場、オランジュ(Orange)、フランス

　南フランスのプロヴァンスにあるこの劇場(紀元1世紀後半)は、古代ローマの野外円形劇場として最も良く保存されたものである。プロヴァンスとはローマ帝国の属州「プロヴィンキア」に由来し、帝国最初の属州(紀元前2世紀)である。地中海沿岸の温暖な地で、オランジュは当時アラウシオといった。ローマ軍の退役兵のために紀元前2世紀に創建された都市だ。
　市庁舎などが立っていた小高い岩山の麓に立つ野外劇場で、斜面という自然の地形に馴じませるギリシャの劇場とは相違して、岩山の斜面を削り取ったかたちで、半円形のオーケストラを囲むように9,000人収容の観客席が形成されている。舞台背景の壁は全体で長さ103m、高さ37mと巨大で、ギリシャの劇場の場合、観客席の上部に座ると舞台背後に雄大な山々か海の自然景観が見渡せるが、ここでは巨大な壁が立ちはだかり、その向こうは見渡せない場合が多い。劇場は周囲の自然とは隔絶された内部空間を形成するといっていい。ギリシャ人は傾斜地という自然の地形を大いに利用したが、ローマ人は利用した場合も多いが、また地形を考慮する必要も無かった。高い土木・建築技術があったからである。
　オーケストラは半円形である。歌い踊るコロス(合唱隊)の役割はギリシャ悲劇においても徐々に小さくなり、既に紀元前4世紀には幕間の音楽に過ぎなくなってしまった。ローマの劇場においては、演劇上の意味を失ったオーケストラは、可動の椅子を利用した貴賓席の場となる。床仕上げは土間に替わって大理石敷きとなった。半円形のオーケストラ(この円の中心がすべての基点となる)の前には長さ61m、奥行き13mの舞台が広がる。上部には音響効果等のために木造の屋根が懸けられている。断面形跡がこれをよく示す。舞台背景は3層で、書割り建築として大理石の円柱が3層

383

384

385

386

383、384 オランジュの野外円形劇場鳥瞰。丘の麓にあるが、斜面を利用したのではなく、構造体は独立している。385、386 舞台背景を支える巨大な美しい壁。小都市の空間に合わない巨大なスケールだが、歴史的、芸術的モニュメントとしても見ることができる。387、388、389 巨大な舞台背景。上部中央に皇帝アウグストゥスの立像が立っている。当時は下図(北アフリカ、サブラタの野外円形劇場の舞台背景)のように書割り建築として大理石の円柱が3層に並び立っていた。390 断面図。舞台の上には勾配屋根がかかり、観客席上も可動テントによって覆われていた。ただし、この断面図は北アフリカのサブラタの劇場のもの。舞台背後にはこの劇場のように、オランジュでも列柱廊に囲まれた中庭があった。391 平面図。半円のオーケストラの中心点がすべての基点となる。今日でもしばしば演劇が上演される。

5 大地に馴じむ

に並び立ち、壮麗だったに違いない。これは古代ローマの野外円形劇場に共通する。その上部3層目の中央にニッチが穿たれ、3.5mもの高さの皇帝アウグストゥスの立像が立っている（皇帝の代が替わると、首の部分のみがすげ替えられたという。ローマ人のプラグマティックな精神が窺われる）。

この舞台背景には演者用の3カ所の入り口があり、楽屋や背後の中庭への通路ともなる。そして舞台脇はそれぞれ長さ21m、幅15mの建物で、楽屋、小道具倉庫、演劇関係諸室となっていた。舞台背景の後ろには今日では失われたが、列柱廊に囲まれた中庭が広がっていた。例えば、北アフリカの植民都市レプシス・マグナやサブラタなどの劇場にはそうした存在を示す。演者の休養や演劇関係諸室として使われていたと思われる。

オーケストラと同じ基点を有し半円形の観客席は中段と最上段に通路があり、最上段のものは列柱廊となっている。この水平方向の通路といくつもの垂直方向の通路は直接つながり、火災や地震のような非常時でも多数の観客が短時間のうちに非難できる。このように平面計画はもちろん、構造計画も非常に合理的だ。高い建築技術を示し、ヴォールト構造である組積造の通路の空間も美しい。

ローマの闘技場コロッセウムでは巨大な空間に可動のテントが水兵たちを利用して張られていたが、この劇場も同じだ。舞台の上の屋根と同じく、ロープを利用して可動のテントが張られていた。こうした催しは夏でも日中に行われていたからである。

ギリシャの劇場とは相違して、自然の地形とはもはや関係なく、高い土木・建築技術を駆使して構築された壮大でモニュメンタルな建築で、巨大な内部空間としての〈野外〉円形劇場といってよい。

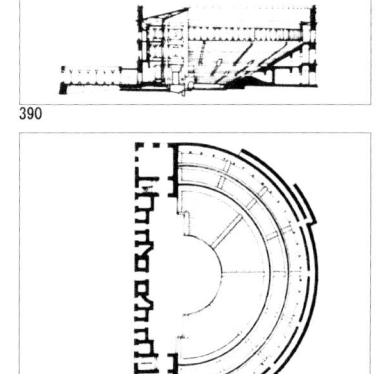

387

388

389

390

391

第Ⅱ章 場と空間構成

5.2-3 草が生えた段状の桟敷に寝転んで歌舞伎を愉しむ
――信州東部町禰津東町舞台

　信州浅間連山の南麓、千曲川が流れる上田盆地を見下ろす緩やかな傾斜地に東部町禰津の集落がある。千曲川の向こう、西には北アルプス、東南には八ヶ岳連峰、そしてその向こうに南アルプスが遠望し得る素晴しい眺めの村だ。昔から盛んであった稲作の他に野菜などの畑作、それに林檎や葡萄栽培などに力を注いでいるという。

　この村の氏神様を祀る日吉神社境内で、毎春祭礼の日に合わせて歌舞伎が演ぜられる。境内の裏手に常設の立派な歌舞伎舞台が立っている。木造、間口8間、奥行き5.5間、回り舞台の機構もあり、セリもある。切り妻、瓦葺の勾配の大きな屋根に覆われていて、舞台下手に山並みの絵が描かれた衝立が立った仮設の花道も設えられる。野外の見物席は奥行き12〜15mほどの平土間となっており、上には白と濃紺のストライプの日よけの天幕が張られ、風に吹かれてたなびいている。そしてこの平土間の見物席の背後に、野石が5〜6段積まれ、90cm

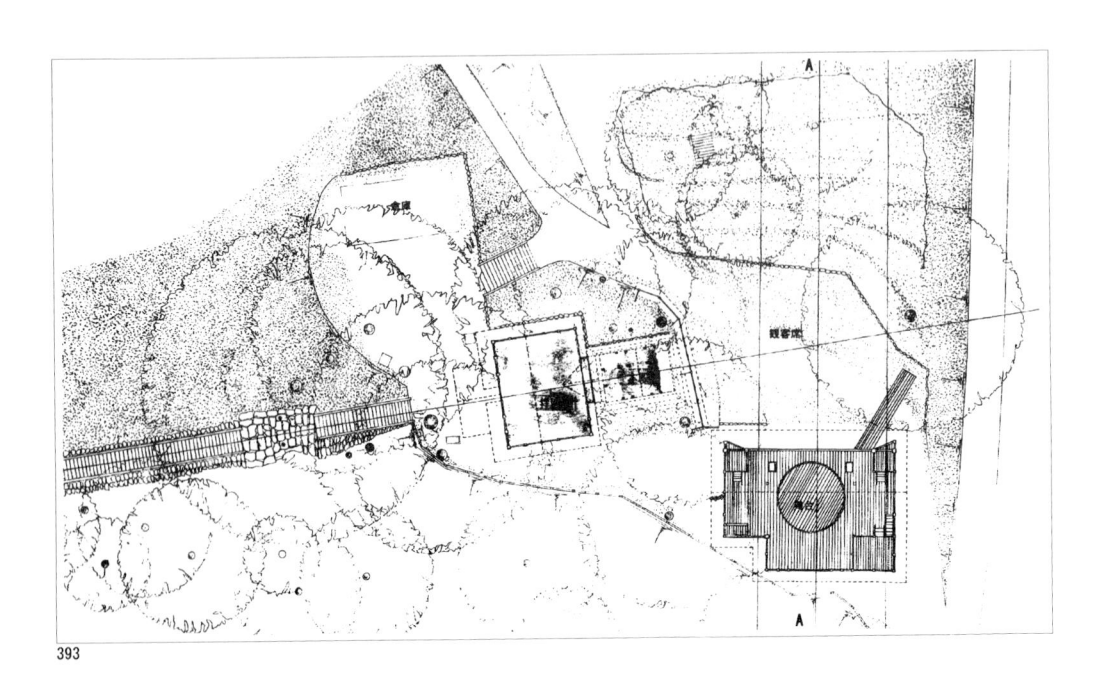

ほどの高さで一段高くなっており、その後ろには舞台を囲むように円弧を描く緩やかな段状の桟敷となっている。古代ギリシャの野外円形劇場を思い起こさせる芝居の空間だ。

山裾の傾斜地という自然の地形を利用して段々状にしたもので、舞台は1817(文化17)年の創建というから、その頃、村の人たちが総出で土を掘り削って造った。またこの桟敷のあちこちに欅の大木や桜などの樹々が点在する。通常だとこうした樹木は芝居見物の邪魔になり、切り倒してしまうところだが、そんなことにまったく頓着しない。村人たちは桜の花の下に筵などを敷き、弁当を広げたり、酒を酌み交わしながら和やかに芝居を見物する。段状の桟敷の周りには芝居の空間を取り囲むように紅白の幕が張り巡らされており、祭りの華やいだ気分もある。

古代ギリシャの野外円形劇場の見物席は舞台を中心に正確に半円形を描くが、ここでは幾何学的整形ではない。またやや行儀が悪いが寝そべって芝居見物をしたくなるような緩やかな段をなしている。石積みの段ではなく、土のまま(雑草の生えた)段である。村人たちが山の斜面に桟敷を造るにあたって、鍬や鋤などの農具を使って斜面を掘り削った、その場合、恵みをもたらす大地になるべく傷をつけずに、大地を耕すように桟敷を造ったのに違いない。自然に寄り添い、それと折り合いをつけながら生活をしてきた村人たちの大地への姿勢がある。

17世紀初め、出雲の阿国によって創始されたとされる歌舞伎は江戸文化の開花とともに盛んになり、17世紀末の元禄期に第1回の隆盛期を迎えた。そして地方巡業などを通して地方に浸透し、18世紀初めには山間の農村にも舞台が建立され始めた。

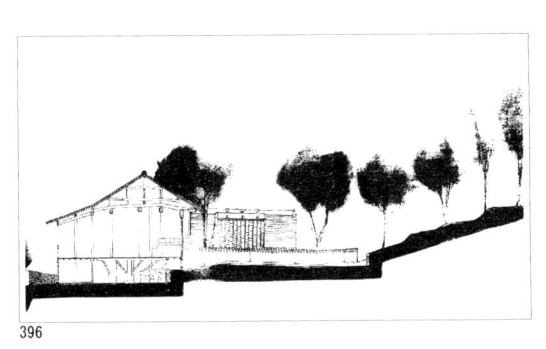

392、397、402 桜の花の下、段々状の桟敷に座ったり寝転んだりして、のどかに歌舞伎見物を愉しむ。紅白の幕で周囲を囲まれ、華やいだ雰囲気。393 配置・平面図。日吉神社の本殿裏の緩やかな傾斜地を歌舞伎舞台の地と選定した。394 急な石段を上って境内に入る。正面に拝殿が見える。その奥に本殿がある。395 歌舞伎が演じられる前の日には村の人たちが総出で平土間の見物席をつくったり、テントを張ったり準備する。396 A-A断面図。平土間の見物席の背後に、斜面を利用して村人総出で段々状の桟敷をつくった。回り舞台の機構がある奈落も地形を利用してつくられた。左側は崖状となっている。

第Ⅱ章　場と空間構成

歌舞伎芝居の役者を連れてきて芝居を見物したり（買い芝居）、村人たち自身が演ずるようになった（地芝居）。

　江戸中期の18世紀から末期の19世紀にかけて政治・社会は一層安定し、農業の生産技術も向上し、農民の生活は年に1回ぐらい神社の祭礼の日に合わせて歌舞伎を愉しむゆとりが生じたのであろう。大都市江戸の都市文化への憧れは強かった。歌舞伎はその1つの象徴的存在であった。歌舞伎が第2回目の隆盛を誇った文化・文政期以降、そして芝居を含めて各種の禁令が解かれた明治初めにかけて各地の農漁村に歌舞伎の常設舞台がつくられた。禰津の舞台もこれである。その数は1967年の調査時点で、現存するもののみを対象としておよそ1,100棟が確認されたという。この間に廃絶された舞台が多かったことを考慮に入れると、驚くほど数多くの農漁村に舞台が存在し、歌舞伎が村人たちにいかに熱狂的に受け容れられたかを物語る。

　ほとんどの農村歌舞伎の舞台は村の鎮守様を祀る神社の境内に立地するが、神社本殿との位置関係については、本殿前の参道の左か右に舞台が本殿と直角となるように配置され、見物席は参道を含めるかあるいはそれたかたちでの本殿前の小広場となる配置形式が最も多い。

　日吉神社境内にある東町舞台はこれとは相違する。東町の集落を見下ろす高台に立つ日吉神社では平坦地は狭い。この地形の制約から本殿裏手のやや狭いが平坦地があり、そこを舞台建設の地に村人たちは選び取った。その場合、平坦地（あるいは平坦とした地）の縁に舞台の位置を定め、北面させる。そうすることによって舞台の建物は懸け造りとなり、見物席の方から見ると平屋だが、舞台の裏手から見ると2階建てとなり、天井高が高く作業しやすい回り舞台

の奈落が可能となる。また桟敷から見て舞台の後方は斜面となり、千曲川の向こうの八ヶ岳連峰の景観が広がっているから、舞台奥の壁板をぶち抜いた「遠見(とうみ)」の機構がその効果を最大限発揮し得る。遠見は舞台の背後に広がる自然景観を劇中に取り込む素晴らしい手法だ。

　またこうした舞台建立の場所を選定する際、舞台前の平土間として利用し得る狭い平坦地の後方に広がる山裾の緩やかな傾斜地に段差をつければ、格好の桟敷となると村人たちは思い付いたに違いない。わが国では非常に少ないが、山口県や香川県の小豆島などにある自然の地形を利用した石段状の桟敷を有する農村舞台についての見聞は、村人たちには当時無かったに違いない。桟敷は舞台を中心に湾曲しながら段状になっているから、演者と見物人たちとが一体となった歌舞伎の芝居空間が形成される――単なる思い付きというものではない。そのように構想したに違いない。村人たちの偉大なる知恵である。

398 平土間の上には白と濃紺のストライプの日除けの天幕が立木を利用して張られている。399、400、401 平土間の見物席の背後に野石が5、6段積まれ、一段高くなっており、その後ろには段状の桟敷となっている。403、404 こんな農村の舞台でも、回り舞台の機構を利用して、舞台の場面が一瞬にして変わり、観客を飽きさせない。奈落では村の男たちが懸命になって舞台を回している。405、406 舞台奥の壁板をぶち抜いた「遠見」の機構。舞台の背後に広がる自然景観を劇中に取り込む手法。写真は長野県青木村日吉神社の殿戸の舞台のもの。下の絵は同じ東部町の西宮の舞台の「遠見」である。夜、演じられる題目で、舞台後方の城山で火を焚くと、観客席からは、ぶち抜いた壁をとおしてまるで城に火が放たれて落城するように見える。

402

403

404

405

406

103

6　偶然性・作意の限界・非完結性・非統一性の概念の導入

　計画においてもう1つの考え方がある。(A)近代合理思考が除去に努めてきたあるいは無視することに努めてきた、たまたま偶然に生起する事態、「偶然性」の意味を吟味する、(B)人間の作意の限界あるいは「凡庸な人間が小さな自我を言い張る(柳宗悦)」限界を指摘する、あるいは作意そのものが生起する以前の創作・計画行為を標榜する、あるいは(C)通常の計画行為においては完成・完結させるのが最終目標なのだが、それを初めから期待せず、完成・完結させることを積極的に否定する、そこに意義を見る。また(D)例えば建築家にありがちな住居から家具、調度品に至るまですべてを統一的にデザインしようとすることを否定し、多様な個性の共存に意味を見いだす——このような考え方だが、これらの概念は相互に関連しあっているといえよう。　なお古代ギリシャの神域における空間構成もまた興味深い「もう1つの考え方」だが、これについては〈2.1　神々が棲む山の景観をとり込む——アテネのアクロポリス〉においてふれたので、ここでは言及しない。
　これらの点の持つ意義を主張する先学の言に、自分に都合の良いような引用ではなく紙幅の許す限りなるべくそのままの形でまとめ、耳を傾けてみる。
　例えば奈良の長谷寺のような山寺においては、急な斜面であり、そのまま建物を建てられる平坦地は少ないという自然の地形の条件から、例えばパリ郊外のベルサイユ宮のような軸線が通った左右対称形の全体の統一的プランを立案することは不可能である。山の姿を無くすほどの大造成工事をすれば可能かもしれないが、それはナンセンスである。そこではおよその全体のイメージを心の中で描きつつ、場を読みつつ増築を繰り返すほか無い。またこれで完結ということも無い。だが、地形に制約されない平坦地においても、全体の統一的プランを立てずに非完結性を志向する考え方もある。

　〈ある人が宗旦を見舞いに来る折、茶室の前の庭(露地)を掃除しているのを見て宗旦は、「あの片隅の蜘蛛の巣ひとつだけは、そのままにしておけ」と使用人に言う。訪ねて来た人はこれに感じ入った。このことを聞いてかの兼好法師の言った「すべて、何も皆ことのととのおりたるは、悪しきことなり。しのこしたるを、さてうちおきたるは、おもしろく、生き延ぶるわざなり」を思い起こし、このことと思い合わせた(久須見疎庵「茶話指月集」)〉。
　宗旦とは利休の孫の千の宗旦で、江戸初期の茶人である。兼好法師の言とは「徒然草(第八十二段)」中に出てくるもので、何から何まで整っている状況においては、一つでも不整合のものが生じると我慢がならなくなる。形式のための形式、硬直した形式主義に陥りやすいことをいうのであろう。また一つの不整合なものは大きな崩れに通ずる。完全なものそして完結したもの、そこにさらなる発展の余地はなく、生き延びる余地はない。また何から何まで完璧にはされていないものを見ると、ほっとして安堵した気分になるのである。宗旦の弟子である義父による利休の言を中心とした茶話を聞き書きした久須見疎庵は続けて、

〈古田織部、全き(完璧な)茶碗はぬるき物(てぬるい感じの物)とて、わざと欠きて用いられしことあり。「よからぬものずき」という人もあれど、この茶入れ、われて後、利休、却って称美し、遠州公もかくのたまうにて、茶道の風流別にあることと知るべし。——われたる茶器、損じぬる書画、旧りたる(古びた)ままにて、賞で侍ることになりぬ。徒然草に「薄物(薄絹)の表紙は、とく(すぐに)損ずるが侘しきと人のいいしに、頓阿(南北朝時代の時宗の僧、歌人)が薄物は上下はずれ、螺鈿の軸は貝落ちて(後)こそいみじけれど申し侍りこそ、心まさりて覚えしか。一部とある(何冊かで一部にまとまった)草子などの、同じようにもあらぬ(同じ体裁で揃わぬ)を、みぐるしといえど、弘融僧都が、物を必ず一具(一揃い)にととのえんとするは、つたな(拙)きもののすることなり。不具なるこそよけれといいし」に心かよい侍りぬる〉という。

　茶人の古田織部が完璧な茶碗はてぬるい感じのものとして、わざと壊したというのも作為ありありでどうかと思うが、ここでも兼好法師の言が出てくる。物を必ず一揃いにととのえんとするのは、拙き者のすることというが、20世紀初期ウィーンで活躍した建築家A. ロースも住居のあり方について同様の主張をする。建築家は家を設計するとき、食事のテーブルから椅子、食器棚それにランプ等々家具調度品に至るまですべてデザインしようとするが、そうした何から何まで統一されたデザインの住まいはどうにも退屈で、つまらない。椅子についていえば、祖父や親が愛用した椅子、自分がどこかで見つけ気に入った座り心地の良い椅子、そうしたそれぞれ個性を持った椅子等々があるほうがよほど良い、何ら一揃いにして統一することもない、という。住まいの本質を捉えた思考だ。

　このロースに共感を寄せ、例え悪趣味だとしてもそれが住まい手の要求に対応するならば、平凡な多少支離滅裂なところがある生活そのものを設計にあたっての手がかりとして、見かけが美しいよりも居心地の良い住居をつくった、同じ時代のこれもウィーンの建築家J. フランクは言う。

〈自由に生き、考えることのできる住まいというものは、美しくもないし、調和に満ちたものでもない。それは偶然に生成されたもので、これで完成したということはなく、いつまでも未完である。住まい手の常に変わる要求を満たすため、すべてを受け容れることができる空間でなくてはならない(ヨーゼフ・フランク「Akzidentismus(偶然性について)」)〉。

　美しくもなく、調和のとれた住居でなくともよいと言うが、まして1人の建築家、デザイナーによる統一的デザインによる住居を否定し、また住まいは完結するものではないことを主張する。

　ところで17世紀フランスの哲学者デカルトは次のように述べる。

〈いくたりもの棟梁の手でいろいろと寄せ集められた仕事には、多くはただ一人で苦労した者に見られるほどの出来栄えはない。いわば一技術者が図

を引き、これを完成させた建物は——おしなべて一層美しく、一層良く整っている。同様に、その初め小さな城下でしかなかったものが時が経つにつれて大都会となった古い市街は、ただ一人の技師が広い野原で思うままに井然と設計した規則正しい都会と比べてひどく不均斉なのが一般的だ(デカルト「方法序説」)〉。

　何も無い広大な地に一人の計画家・建築家が規則正しい全体の都市プランを立案して、都市をつくったほうが良いと主張する。近代の合理思考の地平を拓いたデカルトらしい思考だが、そうした近代合理の秩序が隅々まで貫徹して計画された例えば近代の郊外都市あるいは住宅地の息が詰まるような閉塞感とやりきれない単調・無味乾燥さとを危機的状況と捉えるのは現代の我々だけではない。フランクはまた次のように言う。

　〈近代建築の成立にあたって、我々はあまりにも伝統を拒絶し、そして失った。そして我々の社会も多くの伝統を失った。——伝統を有しない者は、芸術を成り立たせる時、自身の法則を発見しなければならず、そしてそれは非常に恣意的にならざるを得ない。——現代のあまりに生硬な秩序を志向する社会にあって、都市は次第に単調になった。自分たち一人ひとり自由だと感じることはない。我々が必要とするものは、いろいろな気晴らしが出来る変化であり、型にはまったモニュメンタリティーではない。たとえそこに美的要素が含まれているにせよ、何か強制的な秩序の中では、人は誰も快適とは感じない。だから私が提案したいのは、新たな法則とか形態ではなく、芸術に対する根本的に異なる考え方だ。——それは「偶然性」ということであり、我々の環境というものは、偶然に生成されたというようにかたちづくることだ。——住まいであれ、街路あるいは都市であれ、我々が気持ちよく、好ましいと感ずる場所は、偶然に生成したものだ。——初めから意図的に計画されたものではない。計画された広場であるローマのサンピエトロ教会前の広場やパリのヴァンドーム広場は美しいが、退屈だ。これに対してベニスのサンマルコ広場は900年以上にもわたってその時その時の要求を満たすかたちで建設が続けられた。誰が建築を続けるかその設計委託を受けたのは偶然だ。つまり広場は偶然に形成されたものである(ヨーゼフ・フランク「Akzidentismus(偶然性について)」)〉。

　強制的な秩序の中では、ましてそうした秩序が隅々まで貫徹した都市、建築では、誰もが自由だとも心地良いとも感じないと主張するフランクが共感を抱いたドイツの建築家がいる。オーストリアの「ヴェルク・ブント(工作連盟)」のリーダーであったフランクが1932年のウィーンにおいて開催された住宅展において、ミースやグロピウス等をさしおいてドイツからただ1人招待した建築家フーゴー・ヘーリングである。「有機的機能主義者」と目され、独自の建築哲学を展開したヘーリングは次のように主張する。

　〈ものを探究し、それをその固有な形態へと発展させよう。無理強いの

フォルムではなく、フォルムを見いだすことをすれば、我々は自然との調和状態にある──ものをその個別性が発展し、その発展が同時に全体の生の発展に寄与するように秩序だてしなければならない。──住宅は内部から計画すること、住むという生き生きとしたプロセスから出発すること、住宅の構成はこの原則に従って進行する──。我々の求める住宅は、従来の平面プランでは得られない住まい手とのコンタクトをつくり出すものである。住空間との隔たりは捨象され、住空間中に躍動する生への住まい手の参加は親和的、身体的コンタクトをもたらすだろう(フーゴー・ヘーリング「Wege zur Form(フォルムへの道程)」)。

　幾何学形を標榜するル・コルビュジェとのCIAMにおける論争は有名だが、ものに無理に形を与えるのではなく、形を見いだす、それによって生成した住空間は生き生きし、住まい手と住空間との隔たりは無くなり、身体的コンタクトも生ずるという。そこにあるのは「生成」の概念である。フランクの言説に戻ると、初めから意図的に全体計画がされたものは美しいに違いないが、単調で退屈だと言い、それに対して居心地良く、好ましいと感ずる場所は偶然に形成されたものだと「偶然性」の概念の導入の意義を主張する。意図的に計画するということは、人間の心理、行動の合理的な、つまりできるだけ科学的な予測をもとに計画することなのだろうか。そこに突発的な行動は計算されない。偶然性は計画し残したいわば余白の空間のありように積極的な意味を見いだそうとする。

　偶然性について思考を重ねた哲学者九鬼周造は芸術と偶然性について次のように述べる。

　〈芸術は内容としても、また形式としても偶然性を重要な契機として有している。芸術の内容についていえば、例えば文学では偶然性に伴う驚異が劇的な効果を持っているために、非常に重要なものとなってくる。戯曲や小説で偶然性を全然取り入れていないものは無いといっていいくらいであろう。

　芸術の形式としては、例えば絵画にあって描かれるべき事物そのものを描写の目的とせず、事物の有する色彩相互の偶然的関係のみを考慮する。マティスの絵はその一例である。詩においては、音韻上の偶然の一致、すなわち同音異義の語を利用して芸術の形式を構成するいわゆる韻がそれである。詩はその偶然を生かす。──P. バレリーは詩を定義して「言語の偶然の純粋なる体系」と言っている(九鬼周造「偶然性の問題」)〉。

　芸術は偶然性を重要な契機として有しているとは興味深い。「科学は偶然の除去」を当然の目的とするのだが、近代合理を根底とした近代建築もまた空間構成からディテールに至るまで偶然の除去を推し進めた。その場合何を手がかりとするのか。J. フランクは近代建築は伝統と断絶した結果、非常に恣意的な自身の法則に頼らざるを得ないという。そこでは作意は作為につながりやすい。つくりもの、わざとらしさには鼻に突くだけで何ら驚異を伴わないが、九鬼は「偶然性を心理的見地にあって考察するときには、驚異を

伴うということがその特色である」とし、偶然が生命感を伴う事実を指摘する。そして作意に関して柳宗悦は次のように非常に興味深い考えを述べる。

〈茶碗「刷毛目」は雅致が豊か、刷毛目跡の線が自由で変化に富み、奔放の調子を帯びて、これが深い雅致を誘う。そんな豊かな雅致は何処から湧いてきたのか？面白いことには、決してその美しさを狙ったからでもなく、また醜さを避けようと工夫したからでもない。つまり美醜への分別や判断が、この刷毛目を作らせたのではない。いつもその間の闘いが起こる前に、すでにできてしまっている。――無学の陶工達が「只」作ったというにすぎない。
　実はこの「只作る」ということが、すべての不思議の泉であって、それは禅僧のよくいう「只麼（しも）」の心境であって、美に執した作なら「只麼作」ではない。「只作る」ことこそ経にいう「好醜有る無き」品なのだ。――美と醜との対立が始めから起こらない世界でできてしまう。だから無上に美しくなるのだ。これに反し美を狙った品に、真によいものが少ないのは何故か。美に囚われた不自由さの故だ。
　安物の雑器ゆえに沢山作られる。そのために手早く作らなければならない。見ると、たいした速度で造作もなく仕上げてしまう。――多少ゆがもうが、傷がつこうが、不揃いになろうが、別に屈託は無い――ここに何か自由さを感じさせる源がないだろうか。――しかし同じ品を速く沢山作らねばならぬということは、技術を非常に熟達させ、作る意識を超えさせ、無心で作れるに至ることを意味する。作るものと作られるものとが分かれているのではなく、まったく私なき仕事、美醜もなき仕事、つまり仕事が仕事をする境地にまで達する。一遍上人のいう「念仏が念仏する」境地と変わらない。この刹那こそ、実に美醜、善悪、自他の二から解放されるときで、仕事が不二に即してしまう。素晴らしい茶器と讃えられるのは、美醜の分別に彷徨わず、作る者作られる物との二さえ絶えている姿だからだ。
　刷毛目茶碗の美しさを讃えるとき、われわれは済度されたもの、浄土に往生したもの、仏となった品を讃えることに他ならない。そこには不二の美が輝いている。不二の美とは、詮ずるに美にも醜にも執しない自由なものだ。――不二の美とは「自在の美」、美醜の二つの執着から解放される、自我に囚われないことを意味する。――不完全を厭う美しさよりも、不完全をも容れる美しさのほうが深い。つまり美しいとか醜いとかいうことに頓着なく、自由に美しくなる道がある筈なのだ。美しさとは無碍であるときに極まる。――美しく作ろうとするより、美しさと醜さとが未だ無い所にあればよい。そのときよりは深くは美しく作れぬ。
　「井戸茶碗」は誰が作ったものかも分からぬ。――貧乏な陶工に過ぎなかった。――いちいち美しさなどを意識してはいられない。むしろ荒々しく無造作に作ったのだ。雅致があるというが、それはなにも画策されたものではない。無造作に必然の成り行きに任せてある。それだから雅致が豊かに出るのだ。いわば美や醜の煩いがない作である。かかるものに拘わっていない

のだ。迷いの病が現れる前にできてしまう。かえって安物であるおかげで、この自由を得たのだ。——どんな後代の天才が、凡人の作った「井戸」以上の茶碗をやすやすと作り得たか。至難だと見える。

　もし凡人である工人達が、なにか己の力を過信して、工夫を凝らしたり、我を言い張ったり、美しさを狙ったりして作ったなら、たちまち迷いや疑いの中に沈んで、その方向を見誤った。しかし幸いなことに伝統は大きな他力となって、彼らを厚く守護した。——知が至上の力をもって我々を圧する時、何も救いが果たされはしない——知に縛られて心の自由を失うことの方が、さらに一層ひどい愚かさだ——（柳宗悦「美の法門」）〉。

　不完全を厭う美しさよりも、不完全をも容れる美しさのほうが深いとは、前出のそれぞれの先学の言と共通する。茶碗「刷毛目」とは朝鮮で作られた雑器であり、名物と言われる「刷毛　三島碗」等をいい、そして「井戸茶碗」とはいわゆる大名物「喜左衛門」井戸茶碗(国宝)を指す。陶工が美しい茶碗を作ろうなどと思う以前に「只作って」でき上がったものだというのである。そこには作意も作為もない。

　美を追求しようとするその瞬間、既に美を捕捉することはできないとは考えさせる言だが、ウィーンの建築家ロースは、住居の設計において、住まい手の要求を聞きながらその場で設計を進めた。これなども陶工と同様に熟練の設計職人としてのロースが美しい住居を設計しようと考える以前に「只作った」住居だが、住の各機能にそれぞれ対応する大きさと形の小空間がそれぞれ関係性を持ちながら、全体の空間中に位置を獲得していく力動的な住空間だ。だがそれは結果として力動的な住空間であって、あくまでも住まい手と離れない居心地の良い住空間である。見かけの調和より内面の真実を優先させるのである。そして内面の真実とは「生」であろう。J. フランクはより意識的に（？）偶然に生成するように住居を設計するが、この場合も熟達した設計職人としてのフランクが「只作った」住居だ。

　偶然性・作意の限界・非完結性・非統一性はこのようにそれぞれ連関するともいえよう。そこに共通するのは個の発展、生成、成長・変化、自由といった概念である。

久須見疎庵『茶話指月集』1701、(林屋辰三郎他編注『日本の茶書2』所収) 平凡社、1972
ルネ・デカルト『方法序説』1637、落合太郎訳、岩波書店、1962
ヨーゼフ・フランク『Akzidentismus(偶然性について)』1958、(Spalt 他編『Josef Frank』所収) ウィーン美術工芸大学刊、1981
フーゴー・ヘーリング『Wege zur Form(フォルムへの道程)』1924、(H. Lauterbach 他編『Hugo Haering. Schriften. Entwuerfe. Bauten』所収) Karl Kraemer Verlag、1962
九鬼周造『偶然性の問題』『偶然性に関する論考』(「九鬼周造全集第二巻」所収) 岩波書店、1980
柳宗悦『美の法門』(私版本「柳宗悦全集第一巻」所収) 春秋社、1973

6.1 見え隠れする本堂――奈良の長谷寺

「幾度も参る心ははつせ寺　山も誓いも深き谷川」長谷寺を詠ったこの歌からもわかるように、大和盆地から初瀬川を少し遡ったこの辺りはもう奥深い山あいの地だ。初瀬山の麓から山腹にかけて多くの堂塔が点在する大きな寺だ。観音菩薩を祀り、衆生を救済し、また現世の御利益をもたらす仏様として人々の厚い信仰を集め、平安の昔から今日まで「長谷詣で」に参ずる人の姿は絶えない。

人々は本堂に安置されている高さ10mもの巨大な金色に輝く十一面観音菩薩像に拝したいと願う。本堂は山腹にある。門前の町並みを通り過ぎ、山門である仁王門前の石段を上り始めると（A点）、遥か山の上の方に仁王門越しに本堂が仰ぎ見られる。堂々たる構えの仁王門をくぐると、回廊（「登廊（のぼりろう）」という）となっており、その石段を昇る。回廊には屋根がかかっているから先程見えた本堂は見えない。見えないことによって本堂への期待感は高まる。長い石段をゆっくりと昇る人たちの視線は回廊の屋根の軒によって水平方向に限定され、回廊両脇に広がる庭の（春は咲き誇る牡丹の）花に目を愉しませる（B点）。踊り場に着く。水場があり、手を洗い、口をゆすいで身を清める。こうして一端一息ついて上を見ると本堂が樹々の間に垣間見える（C点）。そして鋭角に折れ曲がった石段の回廊が続く。石段の勾配は急になり、視線は石段に集中し、昇るに苦労し息切れしてくるが、本堂の観音様により近づいたせいか、期待感は一層増す（D点）。再び踊り場があり、谷間に点在する御堂を見つつまた一息入れ、さらにほぼ直角に折れ曲がった石段を昇りきって、やっとのことで本堂に辿り着き慈悲に満ちた御顔の観音様を拝む（E点）。長い石段（399段もある）を昇ってきた苦行が報われた気がする。礼堂の後ろの舞台に立つと五重塔や本長谷寺等

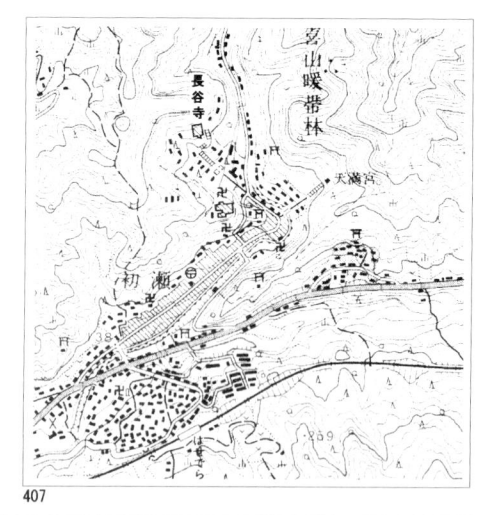

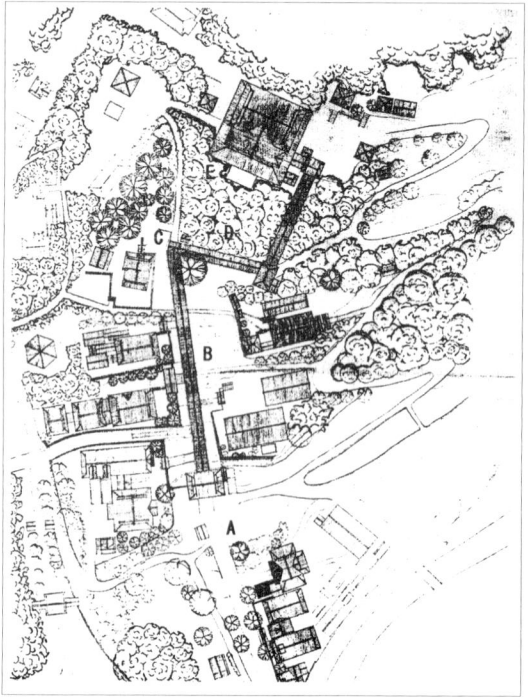

407

408

が点在する美しい自然景観が目の前に広がる。

　山の上方にある本堂は曲折する回廊によって、その見え方が枠組み付けられ、見え隠れしつつ本堂に至る景観のシークェンス——本堂を中心に点在する五重塔、本長谷寺、一切経蔵、鐘楼、愛染堂その他多くのそれぞれ宗教的意味を具えた堂塔を眺める宗教的景観のシークェンスは参拝者の心理的効果を計算しつつ、非常に巧みな「計画」がなされている。

　里の平地に立つ寺の伽藍と相違して、山寺では例えば左右対称的構成を有した全体の統一的プランは描けない。奥深い山中に建てるのだから思いどおりにはいかず、自然の地形を尊重せざるを得ないからだ。個々の建築の際、全体のイメージと既存の建物との関係性を考慮しながら建て（られ）る場を選ぶ——場を読むことが重要だ。ここでは本尊の観音菩薩像を安置する本堂建立の場が最も重要となる。救いを求める衆生が仰ぎ見る浄土に近い位置、それも人が昇れ、建設可能なやや平坦な地がある場である。ある程度の全体のイメージはあったのであろう。この本堂の位置、建築の質が無ければ、長谷寺の景観は無かった。参詣者を導く動線と本堂との関係を思考しつつ、また自然の地形、周囲の景観を考慮に入れ、必要とされる堂塔を時間の経過の中で増築していった。結果として非対称の空間構成で、各建築は個を主張し、全体として生き生きとしている。城館や橋等が点在するイギリス庭園もこれと類似した空間構成だが、点景としての建物の立つ位置を任意に選定できたためか、ややわざとらしさが鼻につく。この山寺では地形上、自由に敷地を選定できない。敷地は偶然にあった地で、自ずと限定されるが、ここで作為も限定されるためか、わざとらしさは感じられない。人はこの景観と一体となる。

407 長谷寺とその周辺。長谷寺の参道に門前町が広がる。408 境内配置図。回廊ができる以前には、東側の坂道が利用されたという。409 A点付近から本堂を見上げる。410 B点付近。両側に花壇が広がる。このように軒から身を乗り出すようにして見ないと本堂は通常、見えない。411 C点。水場があり、回廊は右に折れる。412 回廊入り口。413 D点。石段は急勾配となる。

第II章 場と空間構成

6.2 ローマ皇帝ハドリアヌスの夢
――ヴィラ・アドリアーナ、ティヴォリ(Tivoli)、イタリア

　ローマから東へ約30km離れた小都市ティヴォリ郊外にあるローマ皇帝ハドリアヌスの2世紀初めに建てられた別荘である。敷地は北東と南西に小川が流れる2つの谷に挟まれた小高い丘で、北西に向かって緩く傾斜している。いわば北西から南東に延びる幅400〜600mの帯状の広大な土地で、今日約300haともいわれるが、面積は特定されてない。1668年コンティニが作った別荘全体の配置図を見ると南西の方角に建築遺構が描かれており、今日見る遺構は別荘全体の一部に過ぎないことがわかる。

　敷地は起伏に富んでいる。今日見る遺構が立地する場所に限定しても、南東から北西に高低差が10〜13mあり、小高い丘だから複雑に起伏する。また北東にはティヴォリの町が、西の方角にはローマの平原が遠望され、眺望が良い。歴代の皇帝はナポリ湾に浮かぶカプリ島や湾岸のバイア等に別荘を構えたが、ハドリアヌス帝はローマから近く、主要街道の1つティブル街道沿いという交通の便が良いこと、気候が温暖で、眺望が良い広大な敷地が手に入ることから、ここを別荘の地と選んだのであろう。

　ハドリアヌスが前帝トライアヌスの後を継いでローマ皇帝位に就いたのは117年、そして保養地バイアの皇帝別邸にて死去したのが138年、62歳の時で、治世は21年間である。ティヴォリの別荘はこの治世の

414 E・デラ・ヴォルパイアによる「ローマ近郊図(1547年)」のティヴォリの部分。図の中央にハドリアヌスの別荘が、左手丘の上にティヴォリの都市が描かれている。415 発掘調査が進められた部分の復元模型。416 バルベリーニ家に仕えた建築家F・コンティーニ(1599〜1669年)が自身行った調査によるハドリアヌスの別荘の全図(1668年)。今日見る遺構よりはるか離れて南東方向にも、興味深い建築があることが分かる。ピラネージによる別荘配置図(1781年)にも同様に描かれている。

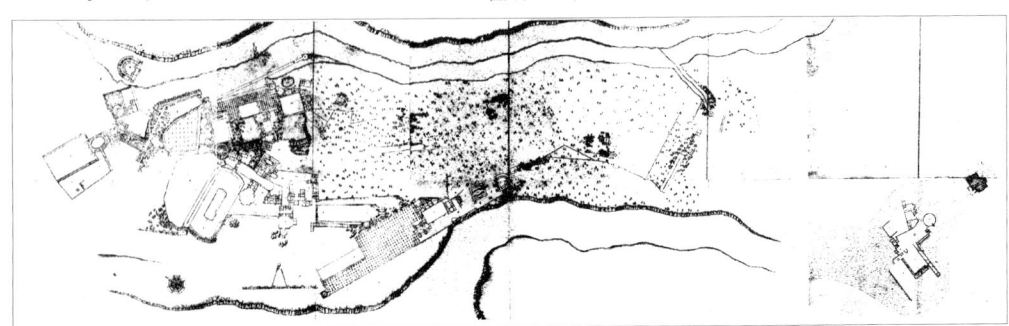

6 偶然性・作意の限界・非完結性・非統一性の概念の導入

間、増築に増築を重ねて完成した。否、この別荘には増築によって増殖していくので、これで完成ということは無いといえよう。

　それにしても広大な敷地に、壮大・華麗であったであろう建築群からなる別荘が、皇帝であるにせよ1人の男の力によって実現されたのには驚かされる。ローマ帝国の版図が最大で最も繁栄した時代の皇帝の権力は絶大なものだったが、その財力も絶大であったに違いない。豊かな穀倉地帯であったエジプトは皇帝領であり、「蛮族」と接する前線の属州も皇帝属州として皇帝の管轄下にあり、これらの領土から莫大な収入が「皇帝公庫」に収められたという。

　別荘は今日、廃墟となっており、訪れる前によく勉強し、現地で余程想像力を働かせないとよくわからない（わかるのは一部

417

417 18世紀中頃のローマ。G・B・ノッリによる都市図（部分）。白抜き部分は教会を含めた街路、広場等の公共空間。左にパンテオンがある。このローマの都市のように、偶然に接合されたそれぞれ固有な空間のシークエンス。
418 今日我々が見る別荘の配置図。5m間隔で描かれた等高線によって、東南、南西の2方向が谷となった比較的変化に富んだ地形で、建築複合体は地形に対応しつつ計画されたことがわかる。また大きく分けて中心軸を持った4つの各建築複合体が増殖していったこともわかる。AとA'軸線にずれがあることが読み取れる。

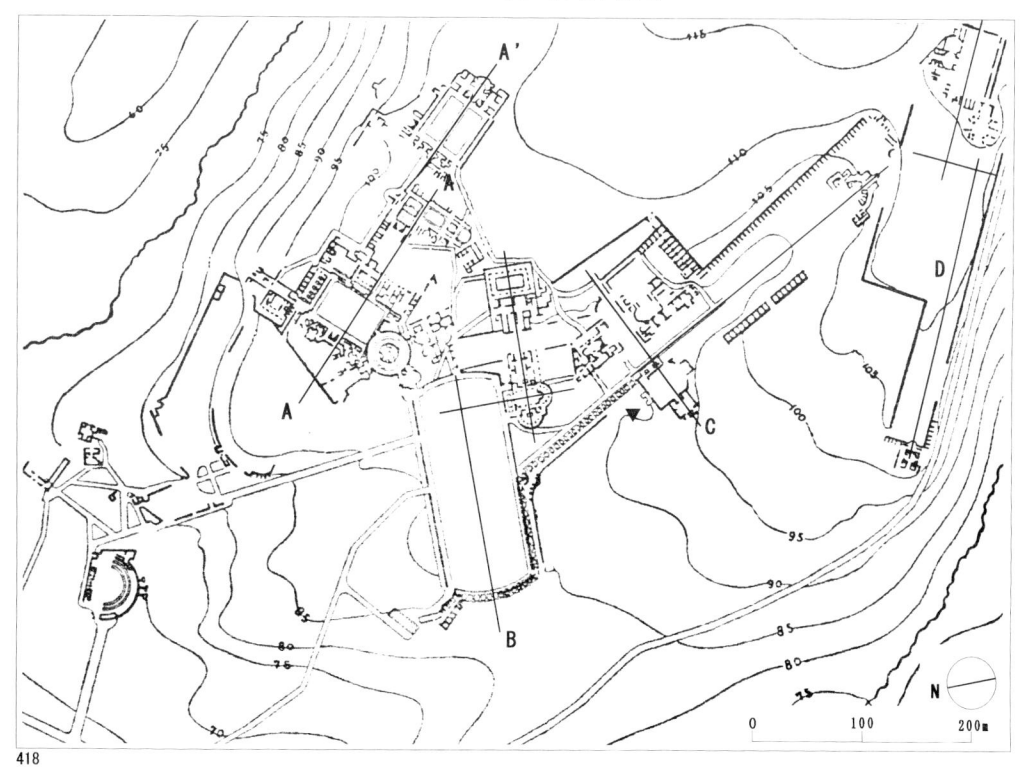

418

113

第Ⅱ章　場と空間構成

復元された「(俗称)海の劇場」や「(俗称)カノプス」等に限られ、わずかな部分に過ぎない)。それは例えばヴェルサイユ宮のように全体の統一的プランのもと、明快な中心軸が全体を貫徹し、これを軸に左右対称に構成されているのではなく、それぞれ軸を有した複合建築体が隣合わせに加算されていった構成で、人はそれぞれ異なる内部空間から内部空間へと彷徨う、そして自分が一体何処にいるのかわからなくなる感覚を抱くからだ。加えて、各建物に用途と異なる名称が付けられていることもわかりにくさに拍車をかける。16世紀以来の発掘関係者が勝手に「想像力を働かせて」付けた俗称だという。例えば「海の劇場」は劇場などではなく、ハドリアヌス帝が周囲を池に囲まれた小島に引きこもって瞑想した場だ。

　(今日見られる遺構の)全体の建物の配置をみると大きく分けて、A・B・C・Dの4つの軸があることがわかる。それぞれを中心軸として中庭を囲むように構成された建築複合体を形成する。プラエネステの神域に見られるように中庭も内部空間化される囲い込むようなローマに伝統的な空間構成だ。そしてそれぞれの建築複合体は起伏に富んだ地形にすなおに対応している。Bの「(俗称)ポイキレ」の場合を例外として大規模な敷地の造成をせずに建設できる場を選びとっている(無論眺望といった点等を考慮してのことだが)。だからA軸の建築複合体の一部である池のある中庭を囲む建築(「俗称」ピアッツァ・ドーロ)はほぼ等高線に沿って、すなわち地形に対応させた結果、A軸とは微妙なずれを生じている。

　こうして内部空間化された(いわゆるファサードはどこからも見えるところが無く、無意味ともいえる)建築複合体は増築にしたがい加算されていくのだが、その加算あるいは接合の仕方は偶然だとしかいい

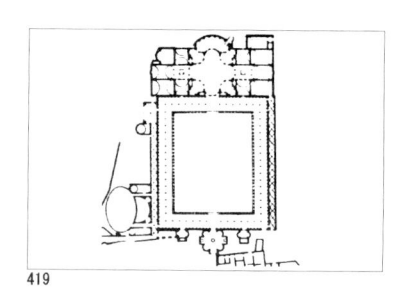

419、420「俗称」ピアッツァ・ドーロ(A'軸)。入り口門を入ると二重の列柱廊に囲まれた大きな中庭。中心軸線上に細長い池がある。その正面奥にあるのがハドリアヌスの別荘の中で最も興味深い建築の1つで、曲線による十字形平面プランを示す。屋根がかかっていたのか、そうではないのか未だ論争中。17〜18世紀バロック建築を先取りしたもの。ローマバロックの建築家ボロミーニ等がこの発掘現場を訪れ、その空間構成に刺激を受けた。421大浴場(C軸)。422宮殿奥、ペリスティリウムの角柱(A軸)。423地下にはり巡らされたサービス通路。ここで働く多数の使用人の姿は主人や客の目に入らない。

ようがない。偶然に接合されたそれぞれ固有な独立した内部空間がシークエンスとして連続する。いわばモザイク状の内部空間の集積であり、例えばローマの都市のありようと同じだといっていい。全体として多様な、変化に富んだ空間であり、人は自由にそれらの空間を生きる。

こうした増築を重ねる別荘の建設の方法はハドリアヌス帝の帝国の統治と建築好きと無関係ではない。前帝トライアヌスによって帝国の版図は最大となったが、国境各地では蛮族の巻き返しが頻繁化し、ハドリアヌス帝は領土拡大をせず、防衛を強化し帝国の安定を図った。そのため21年間の治世の実に11年以上もの長い年月を国境での紛争解決、視察・防衛強化のための巡行に費やしたという。ローマに留まったのは118年から3年間、125年から(半年のアフリカ巡行をはさんで)約3年間それに134年、58歳の時に6年ぶりに帰国し、病に倒れ、138年(62歳)バイアで死去するまでの4年間のみだ。こんなに長期間、ローマを不在にして帝国の統治が可能であったのか不思議とも思えるが、忠誠心を持った優秀な腹心に恵まれたからであり、またローマに際立つ組織力、そして帝の叩き上げの軍人としての卓抜な統率力があったためではないか。子供の時からギリシャ文化が好きなハドリアヌス帝は哲学、詩、数学等にも長じ、トライアヌス帝の建築家アポロドロスとの建築デザイン上の諍いのエピソードが物語るように建築好きで、建築については全体の構想から建築の細部まで指図する稀な皇帝であった。

今日見る遺構の大部分は帝位に就いた翌年の118年より128年までに建設されたようだ。帝がローマにあった118～120年と125～128年の期間には工事が大きく進捗したのは確かだが、I期、II期工事と分けられるのではなく、帝がローマ不在中であっ

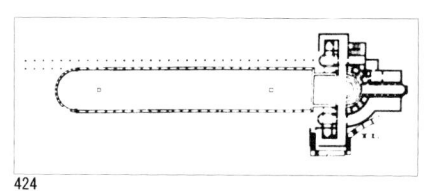

424～429「俗称」カノプス。長さ121.4m、幅18.6mの周囲をコリント式列柱に囲まれた水路。帝が愛した美少年アンティノウスの死(ナイル川入水自殺。128年)と深く関連する建築といわれる。水路とワニ像等はナイル川の隠喩ともいう。カノプスはナイル川の旧港。この水路はつい最近になって復元され水が満たされた。従って古い配置図には描かれていないこともある。

第Ⅱ章　場と空間構成

ても建築は進められた。ハドリアヌス帝は巡行の途上、細かく建築の指図を書き送った。戦地から戦況報告を逐一ローマの元老院に書き送ったカエサルの場合（「ガリア戦記」）からもわかるように、迅速かつ確実にローマに届けられ、ハドリアヌス帝付きの優れた建築家が図面化し、現場を指揮した。

一気に大規模の全体の建築が計画されたのではなく、このように時間をおいて各建築が計画された点に、各建築複合体そして各建築空間がそれぞれ固有性を獲得した契機がある。そして帝の帝国巡行の思い出、記憶がそれらの建築に反映される。反映のありようは、言われるような例えばアテネの「リュケイオン（アリストテレス創設の学園）」といった特定の建築の写し（A、スパルティアヌス）ではなく、記憶の断片の集積であり、また隠喩としてであろう。

地形や眺望、およその既存の建築（複合体）との関係などを考慮に入れながら、つまり場を読みつつ、軸線を有するもう1つの建築（複合体）を隣り合わせに増築するとき、軸線にずれが生じるから建築（複合体）間の調整が必要となる。「自然発生」的集落の形成と同様で、知恵や工夫による調整だが、ここでは方向性を有しない円形の建物（「俗称」海の劇場）や中間的な軸を有する小建築（サービス用建物とされるもの）、あるいは地形を利用して2つの軸線の衝突を回避する（「俗称」カノプス）のように様々な工夫が周到にされている。そして既存の建物・空間と新しい増築部分の空間との関係性はほとんど偶然であり、そこに作意が入り込む余地は無い。

こうした増築の方法はサービス動線の確保が困難だが、ここでは（驚くべきことに）地下に縦横に走るサービス通路が機能する。ここで働く多数の使用人の姿は主人や客の目に入らない。地下サービス通路はこの別荘が生きられるに欠かせない存在だ。

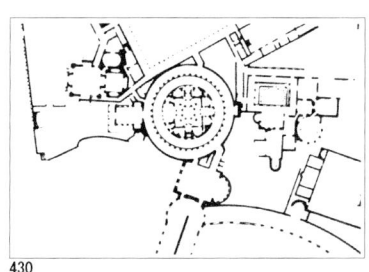

430

431

432

433

430～433 周囲を池に囲まれた円形の小島。帝が引き籠もって瞑想した場。なぜ円形かについては、プラトンも言及した伝説の島アトランティスとの関連を指摘する説もある。A軸とB軸の建築複合体の間にあって、ずれを調整する役割を果たす。直径43.5mの円形の興味深い建物は中央に泉がある小庭園を囲むように居室、側室、図書室、浴室、便所等がある。取り外し可能な橋が2ヵ所架けられていたという。池の周囲はイオニア式列柱廊となっている。

116

6.3 床の美しいモザイク画のように小空間が森の中に散りばめられる
――狩猟の館、ピアッツァ・アルメリーナ(Piazza Armerina)近郊、イタリア

シチリア島のほぼ中央に位置するピアッツァ・アルメリーナという名の小都市の近郊、森の中に19世紀末に発見された古代ローマ期(紀元4世紀の建設と推定されている)の別荘だ。今日と何ら変わらないビキニ姿で運動に興じる若い女性たちをはじめ様々な動物を描いた床のモザイクで有名なこの建築は、初めローマ皇帝の別荘と考えられていたが、発掘調査が進んだ今日では、近郊に広大な農地を所有する貴族の狩猟用の別荘と考えられている。

敷地は豊かな森に覆われた山中で、どのくらい広いのかさえ未だよく分かっておらず、さらなる発掘調査が必要だという。いずれにせよ起伏に富んだ地形だ。「都市とこのような豪奢な大別荘は多くの点で共通する」とし、様々な居室の他に大浴場、体育室、広大な中庭、それに貯水槽等のように様々な都市的施設が都市の街路空間さながら廊下沿いに並置する空間構成だという興味深い指摘(W. マクドナルド)もある。これは都市での生活スタイルを、財力にまかせて、山中の広大な別荘に実現させたからであろう。

池と噴水がある列柱廊に囲まれた中庭を中心として、列柱廊を媒介として各部屋が都市の街路のように並置されている。だが、プランを読むと、列柱廊に囲まれた中庭(A)と北側に小さな部屋群が配された部分(B)が初めに建てられたものだ。そして地形に合わせて(C)を初めとし他の部分が順次増築されていったのではあるまいか。

大きな施設は地形とその面積とから既存の中央軸からはみ出し、固有な軸を持つ建築体となり、軸線のずれが生じ、その間の調整が行われた。つまり恣意的な空間構成ではない。この両者をつなぐ調整の偶然生じた空間も内部空間化され、全体として変化に富んだ内部空間の連続となる。建物ファサードは(3連アーチの壮大な門構えを除いて)ここではまったく意味を持たない。

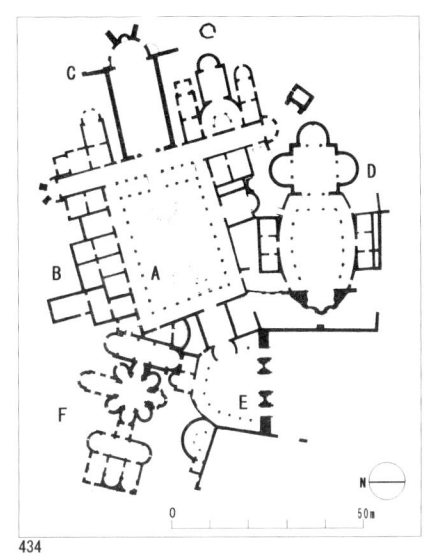

434 狩猟の館平面図。A:列柱廊に囲まれた池と噴水がある中庭、B:初めに建てられた部屋群、C:バシリカ等後に建てられた部分、E:入り口門、F:浴室群。435 復元模型写真。南方向から見る手前左に3連アーチの入り口門中央に列柱廊に囲まれた中庭。436 ビキニ姿の若い女性がダンベルと円盤投げに興じている床のモザイク画。

6.4 居心地の良い住まいとは
　　——フランクによる「偶然に生成された家」、ストックホルム(Stockholm)、スウェーデン

　1920年代から30年代にかけてウィーン、後にストックホルムで活躍した建築家ヨーゼフ・フランクによって知人のために「計画」された住居である。否、計画されたのではなく、あまり考えなしに「只作った」、偶然に生成された住居案(1947年)だ。

　住まいであれ、街路であれ都市であれ、我々が居心地よく、好ましいと感ずる場所は偶然に生成したものだ。そうして生成した住まいは美しくもなく、調和に満ちたものでもないが、そこでは自由に生き、考えることができると主張するフランクは、あまりに秩序と合理を志向して計画された空間に、人間への強制を見るのだ。隅々まで意図的に計画・規定されたのでは行動が限定され、息が詰まってしまう。気がおけない自由さと居心地の良さはそこでは自ずと限られる。

　住居案は2層で、地上階は居間の領域(暖炉を囲む空間、食事の空間、音楽を愉しむ空間等)と家事の領域(厨房とユーティリティ)で、上階は寝室の領域で周囲はテラスとなっている。

　居間の領域は南西の方角にあるU字型の中庭を囲むかたちで、北西の方向にも眺望が拓ける。四角い部屋はどこにもなく、すべて曲線で形成される。何も考えることなく曲線で平面プランを描く方が、機能的な思考する建築家が計算し尽した四角い部屋からなる平面プランより余程良いのではないか、というフランクの住居プランには気がおけない自由さがある。名物「刷毛目」茶碗を「只作った」無学な朝鮮の陶工のように、熟達した住宅設計職人フランクが、極く短時間のうちに外観や空間の美など考える間もなく、「只作った」住居案だ。

　ストックホルム郊外に実現させた住宅(1936年)は同様な傾向を示し興味深いが、これは課せられた課題の本質を考え、形を与えるのではなく、形を見いだす—これが建築家の仕事だと主張したドイツの建築家ヘーリングと多くの点で共通点を有する。

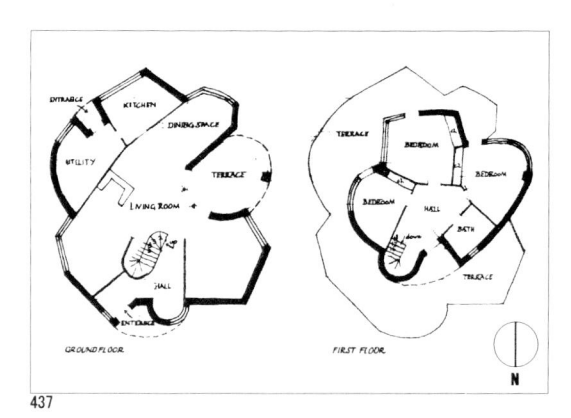

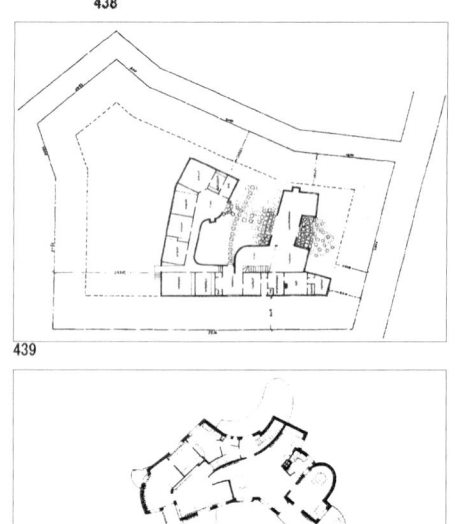

437、438 知人のために「只作った」住居案。もともとはスケッチだがそれを清書した図。1947年。パースは後に水彩で描いたもの。439 ストックホルム郊外の夏の別荘、平面図。1936年。一部2層。海の近くの別荘で実現した。偶然な形である敷地の輪郭(建築線の規定)に沿った形態をしており、中庭を囲む。440H. ヘーリングによる住居計画案。1923年。「住む空間の周りに壁を設置するのであって、矩形に整理するものではない。——我々の求める住宅は、従来の平面プランでは得られない住まい手とのコンタクトをつくり出すものである。住空間との隔たりは捨象され、住空間中に躍動する生への住まい手の参加は親和的、身体的コンタクトをもたらすであろう」とヘーリングは述べる。

6.5 余白への期待
―― カーンによる女子修道院計画案、ペンシルヴァニア(Pennsylvania)、アメリカ

アメリカの建築家ルイス・カーン(1901～1974)がソーク研究所の初期設計段階において、なかなか良いイデーが出ず苦慮していた時、若い所員が冗談半分にハドリアヌスの別荘の配置図の一部を切り抜いて、計画敷地図に貼り付け、見せたところ、カーンは「これだ!」と叫んだという(V. スカリー)。カーンは1951年の数ヵ月間、ローマのアメリカン・アカデミーに滞在し、古代ギリシャ・ローマの建築を見て回っている。無論、ハドリアヌスの別荘を見ており、非常に興味を抱いたようで、大学や自分の設計事務所内での建築論議において、しばしばこの建築を引き合いに出したという。ともすれば近代合理の教条主義的建築が支配的な思潮の時代にあって、批判的に検討しつつ建築の思考を深めたカーンの姿がそこにも見いだせよう。そこにはスカリー等建築史家との対話による刺激も欠かせないと言ってよい。

ドミニコ会女子修道院(1968年)は大きく分けると(A)個室群からなる宿舎、(B)食堂、(C)教会、(D)図書館、教室からなる学校、それに(E)塔とエントランス部分をも形成する管理施設等からなる。カーンは個人の瞑想・思索の場としての宿舎に囲まれるように、機能に従ってそれぞれ形態が異なる他の施設を平等な空間として、ランダムに組み合わせる。ハドリアヌスの別荘と相違して地形の変化はなく、計画の時間の差異(増築を重ねる)は無いから、その組み合わせの仕方は恣意的だが、それぞれ接する部分の空間とそしていわば余白の部分の空間は偶然に生成するとしか言いようがない。図面から読み取ると作意が前面に出てやや鼻持ちならない気もするが、実際できた空間では全体を見通せず、予期せぬ空間のシークエンスとなる。

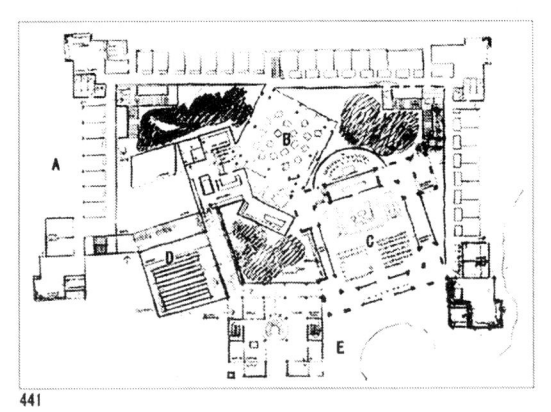

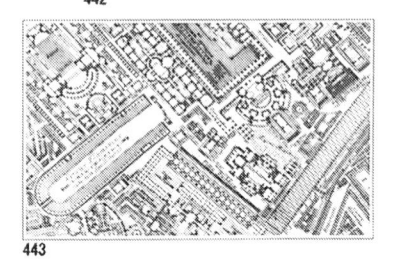

441 1968年頃の平面図。A:個室群からなる宿舎、B:食堂、C:教会、D:図書館・教室、E:塔がある管理施設。**442** 1966年の計画の模型写真。その後カーンは施主側のコスト削減の要望に従い、上の案のようにコンパクトにまとめた。**443** 建築家G.B. ピラネージ(1720～1778)による版画「古代ローマのカンプス・マルティウス」(1755年頃)。資料をもとにこのローマの地区の古代建築復元図を作製した。完全なる復元地図は不可能で、だから事実の復元というより、ピラネージによる想像的復元といえるもの。カーンは自分のオフィスの机の前にこうした図を貼り付け、毎日眼にしていたという。

第Ⅱ章　場と空間構成

6.7　楕円形闘技場が市民の広場となる——メルカート広場、ルッカ（Lucca）、イタリア

　イタリアの中北西部トスカーナの都市ルッカは12世紀の絹織物産業の発展を背景に、中世自治都市として繁栄した。ロマネスクの教会群が立ち、多くは13世紀から14世紀の建物と塔が街路空間を形成する中世の面影を色濃く残す都市だ。都市防衛のため16〜17世紀に築かれた都市壁と砲台を据えるための稜堡、そしてそれを取り囲む濠までもが今日でもそのままの姿で残っている。都市を取り囲むように築かれた都市壁と稜堡には大きな木々が生い繁り、市民の散歩道となっている。

　フィルンゴ街というカーブする主要街路に接してメルカート広場がある。その街路沿いに形成された淀みのような小広場を横切って、正面のこれも曲線を描く建物を貫通する通路を進むと、楕円の整然とした形の広場が突然拓ける。それがその広場だ。突然とは、曲がりくねった迷路のような狭い路地と多くは不整形な広場によって構成される中世都市に特有な都市空間を示すこの都市にあって、予期しない形態の広場が拓けたからだ。市民であれ、旅人であれこの都市空間中を彷徨する者にとって刺激的だ。快感である。

　美しくまた活気がある広場だ。広場を囲む各建物は楕円を描く壁面線は一定し、平入りの屋根の勾配も一定している一方、階数は3〜5とまちまちで、その統一感と変化のバランスが良いし、広場の大きさに対するスケールも良い。質素なファサードの1階部分は商店、工房、ギャラリーそれにレストラン・カフェとなっており、広場にはそうした店が張り出している。毎朝、市が立つというが、メルカートという広場の名はここから由来するのだろう。

　この広場は古代ローマ時代、楕円形闘技場（2世紀建設）だったという。だから楕円

444

445

446

の広場なのだ。ルッカは古代ローマの都市で規則正しいグリッド状の街路網であったが、その後細部においては一部破壊された都市構造の上に自然発生的な集落が形成され、中世的な街路網になったのだが、それでも大枠としてはローマ時代の都市の骨格は読み取れる。楕円形闘技場はローマ都市の壁外にあったが、中世の都市拡張時に、教会が立っていた地域とともに都市に組み込まれた。廃墟となっていた楕円形闘技場には人が住みつくようになった。やがて躯体を利用して住居を建設した。

こうした例は少なくない。ローマのマルチェッロ劇場（紀元前1世紀）は今日でもそうだし、例えば下図のようにフランス、ニームの楕円形闘技場にも近世まで人が住んでいた。

19世紀初めに観客席部分に立っていた住居を取り壊し、広場となったというが、広場を形成する周囲の建物の外周部には、楕円形闘技場当時の構造の痕跡が見て取れる。

古代ローマ時代は都市の外にある闘技場であったのだから、無論、広場を意図したものではない。都市の拡張に伴って都市内に組み込まれ、人が住むことによって破壊を免れ、そして19世紀になって市民の広場となったこの広場は偶然に生成したものだ。広場の形も偶然だ。

朝に立っていた市が綺麗に片付けられ、午後になると広場は子供たちの遊び場ともなる。広場に張り出したカフェの椅子に座っていると、ライオンと格闘する剣闘士の恐怖の表情、それを残酷にも囃し立てる大観衆の耳をつんざくばかりの喧騒が蘇ってくるような感覚に襲われる。

偶然に生成した楕円のメルカート広場は、ルッカの都市空間を豊かにしている重要なエレメントである。

444 ルッカの都市を鳥瞰する。都市壁・稜堡・濠がよく残っている。紀元前177年古代ローマの植民都市として創建された当時の街路網がわずかながらも読み取れる。楕円形闘技場（今日の広場）は当時の都市壁外にあった。この辺りの都市壁が湾曲していたのは、地形的な制約のためと思われる。445、447、448 今日のメルカート広場。446 都市壁・稜堡・濠跡。449 広場の裏側に回って見ると楕円形闘技場の遺構だということがわかる。450 南フランス、ニームの楕円形闘技場にも、近世までこのように人が住居を建て、住んでいた。

121

第Ⅱ章 場と空間構成

6.8 神聖な、生きられる広場
——ダッタトレヤ広場、バクタプール（Bhaktapur）、ネパール

ネパールのほぼ中央、豊かな田園地帯が広がるカトマンズ盆地にバクタプールはある。首都のカトマンズの東15kmほど離れた所、小高い丘の尾根づたいに、土色の煉瓦造りの3〜4階の家々が軒を並べて立つ高密度の集落だ。9世紀頃インドとチベットの交易の中継地として商人達が住みつき、商店や倉庫群からなる集落が形成され、発展した都市だが、尾根づたいにほぼ東西にS字状にカーブする大通りはチベットへと通ずる昔の交易路だ。ダッタトレヤ広場を中心に集落が形成されたというから、この都市の最も古い核といえる。

東西に細長いほぼ矩形（約45 m×25 m）をしていて、東と西の中央端、それに西北隅にと3つの寺院があり、周囲を2〜3層の方杖に支えられた軒の深い美しい建物に囲まれた広場だが、絶妙な空間構成だ。広場と周囲の建物とのスケールの良さ、個々の建物の質の高さによるものだが、加えて広場の東西の端の近くに寺院に祀られた神々を守護するガルーダ像や獅子像を頂部にいだく2本の石柱が天に向かって対峙するように立ち、広場の空間を引き締めている。品格を感じさせる広場だ。そして美しい3つの寺院と2本の石柱が広場の空間構成に大きな役割を果たしているためか、神聖な雰囲気をも漂わせている空間である。

こうした品格を感じさせる広場は、例えばイタリアなどのいくつかの広場などにあるのだが、ここには土の匂いが漂い、大地が人々を優しく包み込むような、そして大地と交感するようなアジアに特有の心を和ませる居心地の良さがある。

広場には生きる人々の姿がある。毎日、朝夕には市が立ち輪を転がして遊ぶ子供、輪になって話に興ずる老人たち、寺院の軒下に腰掛けて憩う人たち、その石段上でのんびりとゲームに興ずる老人や若者たち、

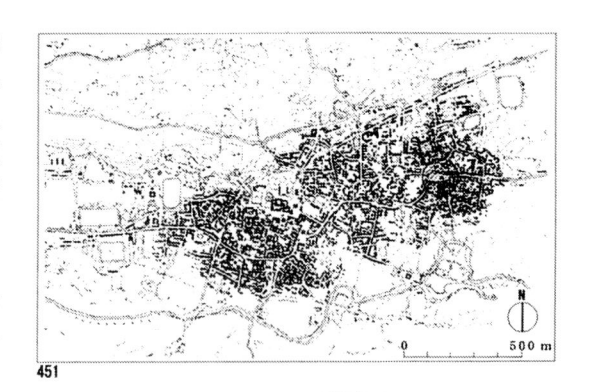

451 バクタプール都市図。ダッタトレヤ広場は東部山の手地区にある。452 広場を鳥瞰する。晴れた日には神々しいばかりのヒマラヤの高峰が遠望される。453 広場を西から見る。手前は舞の舞台。2本の石柱が対峙して立つ。その向こうはダッタトレヤ寺院。454 広場の西方向、ビムセン寺院を見る。455 広場の平面図と立・断面図。A：ダッタトレヤ寺院、B：ガルーダ像をいだく石柱、C：獅子像をいだく石柱、D：舞の舞台、E：ビムセン寺院、F：水汲み場、ビムセンヒティ。

広場の床に野菜を並べて商売する人たち、筵を敷いて畑で収穫した米や麦、それに唐辛子や玉蜀黍を干す農作業をする人たちの姿があり、またこうした人たちに混じって鶏が駆けずり回り、牛ものんびり歩いている。

バクタプールはマッラ王朝から独立した王国の首都として栄えた古都だが、その初期の13世紀から14世紀にかけての時期に既にこの広場は都市で最も重要な広場だったというが、道の結節点が広場形成の契機となるのが通常で、当初はそんな小広場であったのではあるまいか。今日見るような広場の原形が形成されたのはバクタプールが都市として最も繁栄した時代、ダッタトレヤ神を祀るヒンズー教寺院と仏塔のある仏教寺院が建立された15世紀である。また西端のヒンズー教寺院が建立されたのが17世紀であり、19世紀中頃にガルーダ像と獅

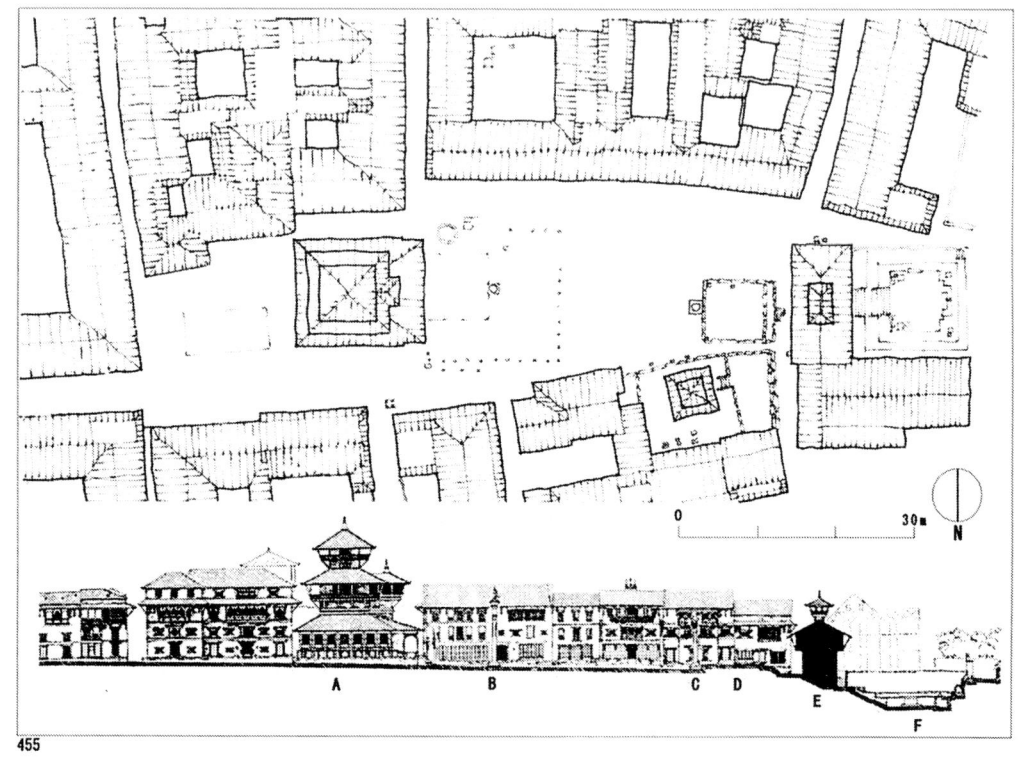

子像が頂に乗る2本の石柱が立てられたというから、400年以上もの歳月をかけて順次整備され、今日見る広場が完成したのは150年ほど前ということとなる。

東西に細長いほぼ矩形の広場の東西端中央の2つの寺院は1つの軸を形成している。広場全体の空間を引き締め対峙するように立つ2本の石柱はほぼこの軸線上にあり、広場は明快な軸線を有するといってよい。広場は軒の出の大きい堂々たる建物によって囲まれ、全体として整った美しい空間となっている。

他方、細部を見ると、南側の建物は微妙なカーブを描き、北側のそれには出っ張り引っ込みがあり不整形である。また仏教寺院は西北隅に位置するし、西端の寺院の前に祭礼時に舞の舞台となる基壇状のテラスがあるが、これが軸線と微妙にずれている等々、均整を保った広場全体の印象に対し、不整合な部分も多い。これらの存在が、つまり均整を保とうとする部分と不均衡へと傾く部分とのせめぎ合いがこの広場全体を生き生きとさせている。

ダッタトレヤ広場はある1人の計画者のプランに基づいて完成した広場ではない。15世紀より19世紀まで数百年の年月をかけ、寺院や住居、倉庫群が建てられ形成されてきた。その時々の人たちが必要となった建物を、その時々の広場との関係を考えながら、経験と知恵を絞って建設したのだ。西端中央のビムセン寺院の建設時においては、ダッタトレヤ寺院との明確な軸線形成への意志が読み取れるが、そうした広場の整備が要請されたのであり、結果として緊張感がある美しい広場と成り得たのだ。このようにその時々の必要に応じるかたちで建物が建てられ、広場へ通ずる街路も造られ、長い時間の集積の中で今日見る広場が形成されたのであり、広場全体とし

ては偶然に形成されたのだといえよう。

　広場には3つの寺院が直接面しているところから、ヒンズー教や仏教と関連したお祭りが度々繰り広げられる。広場は祝祭空間となる。またビムセン寺院の前に8m×8mほどの広さのテラス状の舞台があり、毎年5月には14日間にわたって宗教劇が演じられる。広場は演劇空間ともなる。

　こんなお祭りの時以外でも広場には人が多い。人々は一日の多くの時間を広場や街路など戸外で過ごす。住居群は高密度で、それに大家族制だから狭い私空間で一日中過ごすには窮屈なのであろう。そうした公共空間が狭い私空間を補完する役割を果たす。

　また広場は農作業の場ともなる。筵を敷いて米や麦、唐辛子などを干す。この都市の大部分の住民が農民だからだが、他に屠殺し、解体作業する肉屋も野菜を広げて商売をする人たちもいる。興味深いのはそういう人たちは大きな面積を1人で占拠することは無いし、また長時間にわたってその場を占拠することも無い。作業を終えたり、青空で開いていた露店が店仕舞いをすると、どこからともなくその後を清掃する人が現れ、綺麗に片付け、清掃される。そして次の人がその場を使用する。広場はこのように住民の実存に欠かせない存在である。だからこそ規則など無いにも拘わらず、互いに譲り合って使うのであろう。共同体の1つの最良のありようをここに見る思いがする。

456, 457 祭りの日、大勢の人が集まる。458 ダッタトレヤ寺院前。ユーモラスな力士像が寺を守る。多くの人が寺院の石段などに座って憩う。459 収穫した農作物を広場で干す。赤唐辛子は広場を鮮やかに彩る。460、461、462 広場は西に向かって傾斜している。舞の舞台は人々の憩いの場であり、また商売の場ともなる。463 露店が店仕舞をすると、どこからともなく人が現れ綺麗に清掃される。この都市にカーストごとに組織された互助組織「グティ」の人である。464 輪を転がして遊ぶ子供たち。

参考文献・図版出典リスト

(ゴシック数字は図版番号、特記のないものは著者による。なお参考文献は主として参照あるいは図版等を使用したものに限った。)

W. Mueller, *Die heilige Stadt*, Kohlhammer Verlag, 1961――**21, 22, 23, 24, 52, 83, 94, 95**
W. Mueller 他, *dtv-Atlas zur Baukunst. Band 1*, Deutscher Taschenbuch Verlag, 1974――**11**
R．タルバート編『ギリシャ・ローマ歴史地図』野中他訳、原書房、１９９６
A. von Gerkan, *Von antiker Architektur und Topographie. Gesammelte Aufsaetze*, Kohlhammer Verlag, 1959――**8, 28, 34**
J. B. Ward-Perkins, *Cities of Ancient Greece and Italy:Planning in classical antiquity*, G. Braziller. Inc, 1974――**3, 4, 13, 444**
L. Benevolo, *Storia della Citta*, Editori Laterza, 1975――**5, 6, 7, 12, 15, 211, 276**
C．ドクシアディス『古代ギリシャのサイトプランニング』長島他訳、鹿島出版、1977――**9, 10, 270, 276, 277**
R. Wycherley, *How the Greeks Built Cities*, Norton & Company. inc, 1976――**14**
W. L. MacDonald, *The Architecture of the Roman Empire , Vol. Ⅰ. Ⅱ*, Yale University Press, 1982――**29, 316, 321, 419, 424, 430, 435**
J. B. Ward-Perkins, *Roman Imperial Architecture*, Yale University Press, 1981――**27, 35, 390, 391, 419, 424, 430**
J. B. Ward-Perkins, *Roman Architecture*, Electa S. p. A, 1979――**25**
I. Browning, *Jerash and the Decapolis*, Chatto & Windus, 1982――**30**
S. Belloni, *Jerash-Spuren vergangener Kulturen*, Plurigraf, 1996
E. Eiermann, *Egon Eiermann 1904-1970 Bauten und Projekte*, Deutscher Verlags-Anstalt, 1984――**16, 17, 18, 19, 20**
H. Strahm, *Der zaehringische Gruendungsplan der Stadt Bern*, 1935――**44, 53, 54, 55, 56**
P. Hofer, *Die Zaehringer Staedte*, (Katalog zur Jubilaeumsausstellung im Schloss Thun 所収), 1964
P. Hofer, *Bern. Die Stadt als Monument*, Benteli Verlag, 1952――**41, 57, 60**
P. Hofer, *Fundplaetze-Bauplaetze*, 1970
P. Hofer, *Fuehrer durch die Berner Unterstadt*, 1956
M. Rubli, *Murten. Ein staedtebaulicher Rundgang*, ED Emmentaler Druck, 1992
H. Simon, *Das Herz unserer Staedte*, Verlag R. Bacht, 1963――**71, 72, 148**
K. Gruber, *Die Gestalt der deutschen Stadt*, Verlag G. Callwey, 1976――**93, 108**
B. Jenisch, *Die Entstehung der Stad Villingen*, K. Theiss Verlag, 1999――**76, 77, 82**
Landesarchivdirektion Baden-Wuerttemberg, *Der Landkreis Rottweil, 1, 2*, J. Thorbecke Verlag, 2003
妹尾達彦『長安の都市計画』講談社、２００１――**103**
京都文化博物館編『長安－絢爛たる唐の都』角川書店、１９９６――**102**
島村昇他『京の町家』鹿島出版、１９７１――**104**
H. Ebeling, *Karlsruhe. Ein Faecher von Moeglichkeiten*, G. Braun Buchverlag, 1990――**107**
E. Egli, *Geschichte des Staedtebaues*, (Ⅲ. Band. Die Neuzeit) E. Rentsch Verlag, 1967
P. Hofer, *Noto. Idealstadt und Stadtraum im sizilianischen 18. Jahrhundrt*, ETH-gta Verlag, 1996――**114-127**
V. Kratinova 他, *Telc. Eine historische Stadt in Suedmaehren*, Verlag Odeon, 1993――**128, 131, 132, 133**
二川幸夫・鈴木恂『アルプスの村と街』(『世界の村と街』第６巻)、A.D.A EDITA、1973――**161-166**
和久田幹夫『舟屋むかしいま－丹後・伊根浦の漁業小史』あまの橋立出版、１９８９――**183, 185, 187**
神代雄一郎『日本のコミュニティー』(雑誌『SD』別冊No.7 所収) 鹿島出版、１９７５――**184**

畑亮夫他『南イタリアの集落』学芸出版社、1989——**199, 200**
E. Friedell, *Kulturgeschichte des Griechenland*, Deutscher Taschenbuch Verlag, 1981
パウサニアス『ギリシャ記』飯尾都人訳、竜渓社、1991
中山典夫他『デルフォイの神域』講談社、1981——**208**
P. ヴァレリー『エウパリノスまたは建築家』伊吹武彦訳、人文書院、1954
L. Benevolo, *The Architecture of the Renaissance, Vol. 1, 2,*
  Routledge & Kegan Paul Ltd, 1978——**201, 202, 290, 330**
森勇男『霊場 恐山物語』波岡書店、1975——**220**
小林剛編『俊乗坊重源史料集成』吉川弘文館、1965
伊藤ていじ『重源』新潮社、1994
小林剛『俊乗坊重源の研究』有隣堂、1971
大岡実『重源と大仏様』(『南都七大寺の研究』所収) 中央公論美術出版、1966
Th. Weber他, *Antike Felsstadt zwischen arabischer Tradition und griechischer Norm*,
  Verlag Ph. von Zabern, 1997——**233, 243**
M. Boatwright, *Hadrian and the Cities of the Roman Empire*,
  Princeton University Press, 2000
M. Bertrund他, *Petra*, Arabesque International, 1995
A. La Regina, *Apollodoro di Damasco e le Origini del Barocco*,
  (*Adriano: Architettura e Progetto*所収) Electa, 2000
増田友也『家と庭の風景』『風景論、存在論的建築論』(『増田友也著作集第3、4巻』所収)、
  ナカニシヤ出版、1999
五味文彦『平清盛』吉川弘文館, 1999
岡田清編『厳島図絵』臨川書店, 1995——**256**
V. Scully, *The Earth. the Temple and the Gods*, Yale University Press, 1979——**279**
V. マンフレディー『アクロポリス』草皆伸子訳、白水社、2002
H. Sedlmayr, *Johann Bernhard Fischer von Erlach*, Verlag Herold, 1976——**281**
伊藤哲夫 『歪んだ円への偏愛－ローマからアルプスの北方の国々にいたる楕円の空間』
  (『森と楕円』所収) 井上書院、1992
S. Kleiner, *Das Belvedere zu Wien(1731-1740)*, Harenberg, 1980——**308, 310, 313, 314**
H. Kaehler, *Das Fortunaheiligtum von Praeneste*, (*Annales Universitatis Saraviensis －*
  *Philosophie*所収) 1958
プルタルコス『英雄伝』高橋秀訳、筑摩書房、1996
P. Prange編, *Meisterwerke der Architektur. Salomon Kleiner*,
  Salzburger Barockmuseum, 2000——**331**
Tetsuro Yoshida, *Japanishe Architektur*, Ernst Wasmuth, 1952——**255, 335**
渡辺保忠『伊勢と出雲』(『日本の美術』第3巻) 平凡社、1964——**339, 340**
太田静六『寝殿造の研究』吉川弘文館、1987
P. Parenzan他, *Schloss Schoenbrunn*, Verlag S. Gaukell, 1998——**345-353**
F. Czeike他, *Wien und Umgebung-Kunst, Kultur und Geschichte der Donaumetropole*,
  DuMont Buchverlag, 1978——**341, 344**
S. Kleiner, *Schoenbornschloesser(1726-1731)*, Harenberg, 1980——**343**
J. B. Fischer von Erlach, *Entwurf einer historischen Architektur*,
  Selbstverlag, 1721——**342, 368**
日本建築学会編『東洋建築史図集』彰国社、1995——**369**

日本建築学会編『日本建築史図集』彰国社、1980——357
住宅史研究会編『日本住宅史図集』理工図書、1970——358,359,360
伊藤ていじ他監『桂離宮』(新建築臨時増刊号)新建築社、1982——364-367
T. Papadakis, *Epidauros. Das Heiligtum des Asklepios*,
　　　　　Verlag Schnell & Stiner, 1978——375,376,378
丹下和彦『上演形式、劇場、扮装、仮面』(『ギリシャ悲劇全集、別巻』所収)岩波書店、1997
M. Merciari, *Orange*, Editions PEC, 2000——383
角田一郎編『農村舞台探訪』和泉書院、1994——405
竹内芳太郎『野の舞台』ドメス出版、1981
長野県東部町編『民俗芸能－地芝居』(『東部町町誌』所収)1980——406
G. Mancini, *Die Villa Hadrians und die Villa d'Este*, Libreria dello Stato, 1988——418
W. MacDonald 他, *Hadrian's Villa and Its Legacy*, Yale University Press, 1995——414,416
Ministero per i beni e le attivita culturali, *Adriano. architettura e progetto*,
　　　　　　　　　　　　　　　　Electa, 2000——431
『ヴィラ・デステーヴィラ・アドリアーナ』Lozzi Roma sas, 1998
青柳正規、磯崎新『逸楽と憂愁のローマ、ヴィラ・アドリアーナ』六耀社、1981
A．スパルティアヌス他『ローマ皇帝群像』紀元4世紀?、南川訳、京大学術出版会、2004
M．ユルスナール『ハドリアヌスの回想』多田智満子訳、白水社、1979
青柳正規『皇帝たちのローマ』中央公論、1992
Josef Frank, *Akzidentismus*(偶然性について), 1958, (Spalt 他編, *Josef Frank*, 所収)
　　　　　Hochschule fuer angewandte Kunst, 1981——438
Josef Frank , *Architektur als Symbol*, Loecker Verlag, 1981
M. Welzig, *Josef Frank Das architektonische Werk*, Boehlau Verlag, 1998——437,439
V. Scully, *Louis I. Kahn*, George Braziller. Inc, 1962
D.B. Brownlee 他, *Louis I. Kahn:In the Realm of Architecture*,
　　　　　Rizzoli International Publications, 1991——441,442
足立朗編『ピラネージ版画展カタログ』日本美術館企画協議会、1977——443
T.C.I, *Guida rapida d'Italia. Vol. 3*, Touring Club Italiano, 1994——445
M. Guitteny, *Nimes*, Editions du Boumian, 1998——450
N. Gutschow 他, *Bhaktapur*, TH Darmstadt, 1974——451,455
トニー・ハーゲン『ネパール－ヒマラヤの王国』町田野靖治訳、白水社、1989
川喜多二郎他『ネパールの集落』古今書院、1992
久須見疎庵『茶話指月集』1701、(林屋辰三郎他編注『日本の茶書2』所収)平凡社、1972
ルネ・デカルト『方法序説』1637、落合太郎訳、岩波書店、1962
アドルフ・ロース　　『装飾と罪悪－建築・文化論集』伊藤哲夫訳、中央公論美術出版、1987
伊藤哲夫　『アドルフ・ロース』　鹿島出版、1980
H. Haering, *Wege zur Form*(フォルムへの道程), 1924, (H. Lauterbach 他編, *Hugo Haering.*
　　　　Schriften. Entwuerfe. Bauten, 所収) Karl Kraemer Verlag, 1962——440
伊藤哲夫　　『機能主義の彼岸－フーゴー・ヘーリングに即して』
　　　(雑誌『近代建築』1969、11月号所収)近代建築社
九鬼周造『偶然性の問題』『偶然性に関する論考』(『九鬼周造全集第二巻』所収)岩波書店、1980
柳宗悦『美の法門』(私版本『柳宗悦全集第一巻』所収)春秋社、1973

なお、第Ⅰ章日本の漁業集落、第Ⅱ章奥州下北の恐山、信州東部町禰津東町舞台、奈良の長谷寺、ネパール・バクタプールのダッタトレヤ広場等の図版については、著者の指導による国士舘大学工学部建築学科卒業論文の調査資料にもとづいた。

あとがき

　本書は、計画するにあたって場・場所について考えてきたことを、この数年にわたってノートに書き留めたものをまとめたものである。

　計画行為とは机上のみにて観念するものではなく、イデーを実現すべく綿密に検討し場を選び取り、そしてその場に立ち、身体でもって場の意味を発見しつつ、思考する——本書では建築家や学生に理解しやすいように多くの事例に則しての具体論に偏り、場・場所への思考を〈場を読む〉といった言葉でやや表面的にしか伝えられなかったきらいはある。(また一方では場の特性の1つである地形を読むということだけでも、それが大きな意味を持つということを示し得たかと思っている。) この場・場所へのもっと立ち入った思考の書は後日、まとめたいと思っている。

　また計画の「もう1つの考え方」として「偶然性・作意の限界・非完結性・非統一性の概念の導入」についてふれた。これは近代から今日に至る都市空間・建築のありようを考えると、どうしても検討せざるを得ない1つの重要な概念であるからである。この部分については自分なりに力を注いだつもりだが、限られた紙幅の関係もあり、充分なものとはいえない。後日に期したい。本書を「ノート」とした所以である。

　本書をこのようなかたちでまとめるにあたって、手に余るような多くの資料の整理やレイアウト等において、私の研究室にて大学院を修了した建築家(のタマゴ?) 須藤稔君に大変お世話になった。彼の協力無くしては、本書の今日の実現は難しかったと思う。記して感謝したい。

　　2004年早春　　　湯河原、吉浜の海岸にて

　　　　　　　　　　　　　　　　伊藤哲夫

■著者略歴

伊藤　哲夫（いとう　てつお）
　　　　　岩国に生まれる
　　　　　早稲田大学理工学部建築学科卒業、同大学院終了。
　　　　　西ドイツ、カールスルーエ工科大学留学。
　　　　　西ドイツ、スイスの建築設計事務所勤務。
現在　国士舘大学工学部建築デザイン工学科教授
　　　伊藤哲夫建築計画研究室主宰
　　　この間、早稲田大学、関東学院大学等の建築学科講師、
　　　ウィーン国立美術工芸大学客員教授を勤める。
著書　「アドルフ・ロース」鹿島出版会
　　　「森と楕円」井上書院
　　　「ウィーン世紀末の文化」東洋出版
　　　「低層集合住宅」井上書院
　　　「建築空間と想像力１．２」TOTO出版
　　　他
訳書　「都市空間と建築」コンラーツ著、鹿島出版会
　　　「オットー・ワーグナー」グレツェカー他著、鹿島出版会
　　　「装飾と罪悪——ロース文化・建築論集」アドルフ・ロース著、中央公論美術出版社
　　　他

場と空間構成
―環境デザイン論ノート―

2004年4月10日　初版第1刷発行

■著　者──伊藤　哲夫
■発行者──佐藤　守
■発行所──株式会社大学教育出版
　　　　　〒700-0953　岡山市西市855-4
　　　　　電話(086)244-1268(代)　FAX (086)246-0294
■印刷所──サンコー印刷㈱
■製本所──日宝綜合製本㈱
■装　丁──伊藤　哲夫

© Tetsuo Ito 2004, Printed in Japan
検印省略　　落丁・乱丁本はお取り替えいたします。
無断で本書の一部または全部を複写・複製することは禁じられています。

ISBN4-88730-566-4